Tests and Worksheets

Stephen Hake
John Saxon

Saxon Publishers gratefully acknowledges the contributions of the following individuals in the completion of this project:

Authors: Stephen Hake, John Saxon

Editorial: Chris Braun, Matt Maloney, Dana Nixon, Brian E. Rice

Editorial Support Services: Christopher Davey, Jay Allman, Shelley Turner, Jean Van Vleck, Darlene Terry

Production: Alicia Britt, Karen Hammond, Donna Jarrel, Brenda Lopez, Adriana Maxwell, Cristi D. Whiddon

Project Management: Angela Johnson, Becky Cavnar

© 2005 Saxon Publishers, Inc., and Stephen Hake

All rights reserved. Except as authorized below, no part of *Saxon Math 5/4—Homeschool, Third Edition, Tests and Worksheets* may be reproduced, stored in a retrieval system, or transmitted in any form or by any means, electronic, mechanical, photocopying, recording, or otherwise, without the prior written permission of the publisher. Address inquiries to Paralegal Department, 6277 Sea Harbor Drive, Orlando, FL 32887.

Permission is hereby granted to teachers to reprint or photocopy for home use the pages or sheets in this work that carry a Saxon Publishers, Inc., copyright notice but do not say "reproduction prohibited." These pages are designed to be reproduced by teachers for use in their homes where *Saxon Math 5/4—Homeschool,* Third Edition, has been purchased for use. Such copies may not be sold, and further distribution is expressly prohibited.

Printed in the United States of America

ISBN: 978-1-59-141321-9

35   0928   21

4500833575

CONTENTS

Introduction 9

Facts Practice Tests and Activity Sheets 11
   for use with
      Lesson 1 .... **13**
      Lesson 2 .... **14**
      Lesson 3 .... **15**
      Lesson 4 .... **16**
      Lesson 5 .... **29**
      Lesson 6 .... **30**
      Lesson 7 .... **31**
      Lesson 8 .... **32**
      Lesson 9 .... **33**
      Lesson 10 .... **34**
      Test 1 .... **35**
      Lesson 11 .... **36**
      Lesson 12 .... **37**
      Lesson 13 .... **41**
      Lesson 14 .... **42**
      Lesson 15 .... **45**
      Test 2 .... **46**
      Lesson 16 .... **47**
      Lesson 17 .... **51**
      Lesson 18 .... **52**
      Lesson 19 .... **55**
      Lesson 20 .... **56**
      Test 3 .... **59**
      Lesson 21 .... **60**
      Lesson 22 .... **63**
      Lesson 23 .... **64**

Saxon Math 5/4—Homeschool

Lesson 24	**67**
Lesson 25	**68**
Test 4	**69**
Lesson 26	**70**
Lesson 27	**71**
Lesson 28	**72**
Lesson 29	**73**
Lesson 30	**75**
Test 5	**76**
Investigation 3	**77**
Lesson 31	**79**
Lesson 32	**80**
Lesson 33	**81**
Lesson 34	**85**
Lesson 35	**89**
Test 6	**90**
Lesson 36	**91**
Lesson 37	**92**
Lesson 38	**93**
Lesson 39	**97**
Lesson 40	**98**
Test 7	**99**
Investigation 4	**101**
Lesson 41	**105**
Lesson 42	**106**
Lesson 43	**109**
Lesson 44	**110**
Lesson 45	**111**
Test 8	**112**
Lesson 46	**113**

Lesson 47	114
Lesson 48	115
Lesson 49	116
Lesson 50	117
Test 9	118
Investigation 5	119
Lesson 51	121
Lesson 52	122
Lesson 53	123
Lesson 54	124
Lesson 55	125
Test 10	126
Lesson 56	127
Lesson 57	128
Lesson 58	129
Lesson 59	130
Lesson 60	131
Test 11	132
Investigation 6	133
Lesson 61	135
Lesson 62	136
Lesson 63	137
Lesson 64	138
Lesson 65	139
Test 12	140
Lesson 66	141
Lesson 67	142
Lesson 68	143
Lesson 69	144
Lesson 70	145

Test 13	**146**
Lesson 71	**147**
Lesson 72	**148**
Lesson 73	**149**
Lesson 74	**150**
Lesson 75	**151**
Test 14	**152**
Lesson 76	**153**
Lesson 77	**154**
Lesson 78	**155**
Lesson 79	**156**
Lesson 80	**159**
Test 15	**160**
Investigation 8	**161**
Lesson 81	**163**
Lesson 82	**164**
Lesson 83	**167**
Lesson 84	**168**
Lesson 85	**169**
Test 16	**170**
Lesson 86	**171**
Lesson 87	**172**
Lesson 88	**173**
Lesson 89	**174**
Lesson 90	**175**
Test 17	**176**
Investigation 9	**177**
Lesson 91	**183**
Lesson 92	**184**
Lesson 93	**185**

Lesson 94	186
Lesson 95	187
Test 18	188
Lesson 96	189
Lesson 97	190
Lesson 98	191
Lesson 99	192
Lesson 100	193
Test 19	201
Investigation 10	203
Lesson 101	205
Lesson 102	206
Lesson 103	207
Lesson 104	208
Lesson 105	209
Test 20	210
Lesson 106	211
Lesson 107	212
Lesson 108	213
Lesson 109	214
Lesson 110	215
Test 21	216
Lesson 111	217
Lesson 112	221
Lesson 113	222
Lesson 114	223
Lesson 115	224
Test 22	225
Lesson 116	226
Lesson 117	227

Lesson 118	**228**
Lesson 119	**229**
Lesson 120	**230**
Test 23	**231**
Investigation 12	**233**

Tests **235**
    Testing Schedule **236**
    Test 1 .... **237**
    Test 2 .... **239**
    Test 3 .... **241**
    Test 4 .... **243**
    Test 5 .... **245**
    Test 6 .... **247**
    Test 7 .... **249**
    Test 8 .... **251**
    Test 9 .... **253**
    Test 10 .... **255**
    Test 11 .... **257**
    Test 12 .... **259**
    Test 13 .... **261**
    Test 14 .... **263**
    Test 15 .... **265**
    Test 16 .... **267**
    Test 17 .... **269**
    Test 18 .... **271**
    Test 19 .... **273**
    Test 20 .... **275**
    Test 21 .... **277**
    Test 22 .... **279**
    Test 23 .... **281**

Recording Forms **283**

Introduction

Saxon Math 5/4—Homeschool Tests and Worksheets contains Facts Practice Tests, Activity Sheets, tests, and recording forms. Brief descriptions of these components are provided below, and additional information can be found on the pages that introduce each section. Solutions to the Facts Practice Tests, Activity Sheets, and tests are located in the *Saxon Math 5/4—Homeschool Solutions Manual*. For a complete overview of the philosophy and implementation of Saxon Math™, please refer to the preface of the *Saxon Math 5/4—Homeschool* textbook.

About the Facts Practice Tests

Facts Practice Tests are an essential and integral part of Saxon Math™. Mastery of basic facts frees your student to focus on procedures and concepts rather than computation. Employing memory to recall frequently encountered facts permits students to bring higher-level thinking skills to bear when solving problems.

Facts Practice Tests should be administered as prescribed at the beginning of each lesson or test. Sufficient copies of the Facts Practice Tests for one student are supplied, in the order needed, with the corresponding lesson or test clearly indicated at the top of the page. Limit student work on these tests to five minutes or less. Your student should keep track of his or her times and scores and get progressively faster and more accurate as the course continues.

About the Activity Sheets

Selected lessons and investigations in the student textbook present content through activities. These activities often require the use of worksheets called Activity Sheets, which are provided in this workbook in the quantities needed by one student.

About the Tests

The tests are designed to reward your student and to provide you with diagnostic information. Every lesson in the student textbook culminates with a cumulative mixed practice, so the tests are cumulative as well. By allowing your student to display his or her skills, the tests build confidence and motivation for continued learning. The cumulative nature of Saxon tests also gives your student an incentive to master skills and concepts that might otherwise be learned for just one test.

All the tests needed for one student are provided in this workbook. The testing schedule is printed on the page immediately preceding the first test. Administering the tests according to the schedule is essential. Each test is written to follow a specific five-lesson interval in the textbook. Following the schedule allows your student to gain sufficient practice on new topics before being tested over them.

About the Recording Forms

The last section of this book contains five optional recording forms. Three of the forms provide an organized framework for your student to record his or her work on the daily lessons, Mixed Practices, and tests. Two of the forms help track and analyze your student's performance on his or her assignments. All five of the recording forms may be photocopied as needed.

Facts Practice Tests and Activity Sheets

This section contains the Facts Practice Tests and Activity Sheets, which are sequenced in the order of their use in *Saxon Math 5/4—Homeschool*. Sufficient copies for one student are provided.

Facts Practice Tests
Rapid and accurate recall of basic facts and skills dramatically increases students' mathematical abilities. To that end we have provided the Facts Practice Tests. Begin each lesson with the Facts Practice Test suggested in the Warm-Up, limiting the time to five minutes or less. Your student should work independently and rapidly during the Facts Practice Tests, trying to improve on previous performances in both speed and accuracy.

Each Facts Practice Test contains a line for your student to record his or her time. Timing the student is motivating. Striving to improve speed helps students automate skills and offers the additional benefit of an up-tempo atmosphere to start the lesson. Time invested in practicing basic facts is repaid in your student's ability to work faster.

After each Facts Practice Test, quickly read aloud the answers from the *Saxon Math 5/4—Homeschool Solutions Manual* as your student checks his or her work. If your student made any errors or was unable to finish within the allotted time, he or she should correct the errors or complete the problems as part of the day's assignment. You might wish to have your student track Facts Practice scores and times on Recording Form A, which is found in this workbook.

On test day the student should be held accountable for mastering the content of recent Facts Practice Tests. Hence, each test identifies a Facts Practice Test to be taken on that day. Allow five minutes on test days for the student to complete the Facts Practice Test before beginning the cumulative test.

Activity Sheets
Activity Sheets are referenced in certain lessons and investigations of *Saxon Math 5/4—Homeschool*. Students should refer to the textbook for detailed instructions on using the Activity Sheets. The fraction manipulatives (on Activity Sheets 28–30) may be color-coded with colored pencils or markers before they are cut out.

Saxon Math 5/4—Homeschool

FACTS PRACTICE TEST

A — **100 Addition Facts**
For use with Lesson 1

Name _____
Time _____

06/07/2022

Add.

4 + 4 = 8	7 + 5 = 12	0 + 1 = 1	8 + 7 = 15	3 + 4 = 7	3 + 2 = 3	8 + 3 = 11	2 + 1 = 3	5 + 6 = 11	2 + 9 = 11
0 + 9 = 9	8 + 9 = 17	7 + 6 = 13	1 + 3 = 4	6 + 8 = 14	7 + 3 = 10	1 + 6 = 7	4 + 7 = 11	0 + 3 = 3	6 + 4 = 10
9 + 3 = 12	2 + 6 = 8	3 + 0 = 3	6 + 1 = 7	3 + 6 = 9	4 + 0 = 4	5 + 7 = 12	1 + 1 = 2	5 + 4 = 9	2 + 8 = 10
4 + 3 = 7	9 + 9 = 18	0 + 7 = 7	9 + 4 = 13	7 + 7 = 14	8 + 6 = 14	0 + 4 = 4	5 + 8 = 13	7 + 4 = 11	1 + 7 = 8
9 + 5 = 14	1 + 5 = 6	9 + 0 = 9	3 + 8 = 11	1 + 9 = 10	9 + 1 = 10	8 + 8 = 16	2 + 2 = 4	4 + 5 = 9	6 + 2 = 8
7 + 9 = 16	1 + 2 = 3	6 + 7 = 13	0 + 8 = 8	9 + 2 = 11	4 + 8 = 12	8 + 0 = 8	3 + 9 = 12	1 + 0 = 1	6 + 3 = 9
2 + 0 = 2	8 + 4 = 12	3 + 5 = 8	9 + 8 = 17	5 + 0 = 5	5 + 5 = 10	3 + 1 = 4	7 + 2 = 9	8 + 5 = 13	2 + 5 = 7
5 + 2 = 7	0 + 5 = 5	6 + 9 = 15	1 + 8 = 9	9 + 6 = 15	7 + 1 = 8	4 + 6 = 10	0 + 2 = 2	6 + 5 = 11	4 + 9 = 13
1 + 4 = 5	3 + 7 = 10	7 + 0 = 7	2 + 3 = 5	5 + 1 = 6	6 + 6 = 12	4 + 1 = 5	8 + 2 = 10	2 + 4 = 6	6 + 0 = 6
5 + 3 = 8	4 + 2 = 6	9 + 7 = 16	0 + 6 = 6	7 + 8 = 15	0 + 0 = 0	5 + 9 = 14	3 + 3 = 6	8 + 1 = 9	2 + 7 = 9

Saxon Math 5/4 — Homeschool

FACTS PRACTICE TEST

A — 100 Addition Facts
For use with Lesson 2

Name _____
Time _____

06/08/2022

Add.

4 + 4 = 8	7 + 5 = 12	0 + 1 = 1	8 + 7 = 15	3 + 4 = 7	3 + 2 = 5	8 + 3 = 11	2 + 1 = 3	5 + 6 = 11	2 + 9 = 11
0 + 9 = 9	8 + 9 = 17	7 + 6 = 13	1 + 3 = 4	6 + 8 = 14	7 + 3 = 10	1 + 6 = 7	4 + 7 = 11	0 + 3 = 3	6 + 4 = 10
9 + 3 = 12	2 + 6 = 8	3 + 0 = 3	6 + 1 = 7	3 + 6 = 9	4 + 0 = 4	5 + 7 = 12	1 + 1 = 2	5 + 4 = 9	2 + 8 = 10
4 + 3 = 7	9 + 9 = 18	0 + 7 = 7	9 + 4 = 13	7 + 7 = 14	8 + 6 = 14	0 + 4 = 4	5 + 8 = 13	7 + 4 = 11	1 + 7 = 8
9 + 5 = 14	1 + 5 = 6	9 + 0 = 9	3 + 8 = 11	1 + 9 = 10	9 + 1 = 10	8 + 8 = 16	2 + 2 = 4	4 + 5 = 9	6 + 2 = 8
7 + 9 = 16	1 + 2 = 3	6 + 7 = 13	0 + 8 = 8	9 + 2 = 11	4 + 8 = 12	8 + 0 = 8	3 + 9 = 12	1 + 0 = 1	6 + 3 = 9
2 + 0 = 2	8 + 4 = 12	3 + 5 = 8	9 + 8 = 17	5 + 0 = 5	5 + 5 = 10	3 + 1 = 4	7 + 2 = 9	8 + 5 = 13	2 + 5 = 7
5 + 2 = 7	0 + 5 = 5	6 + 9 = 15	1 + 8 = 9	9 + 6 = 15	7 + 1 = 8	4 + 6 = 10	0 + 2 = 2	6 + 5 = 11	4 + 9 = 13
1 + 4 = 5	3 + 7 = 10	7 + 0 = 7	2 + 3 = 5	5 + 1 = 6	6 + 6 = 12	4 + 1 = 5	8 + 2 = 10	2 + 4 = 6	6 + 0 = 6
5 + 3 = 8	4 + 2 = 6	9 + 7 = 16	0 + 6 = 6	7 + 8 = 15	0 + 0 = 0	5 + 9 = 14	3 + 3 = 6	8 + 1 = 9	2 + 7 = 9

so hard 😞

14 — *Saxon Math 5/4—Homeschool*

FACTS PRACTICE TEST

A — 100 Addition Facts
For use with Lesson 3

Name _____
Time _____

6-9-22   6-9-22

Add.

4+4=8	7+5=12	0+1=1	8+7=15	3+4=7	3+2=5	8+3=11	2+1=3	5+6=11	2+9=11
0+9=9	8+9=17	7+6=13	1+3=4	6+8=14	7+3=10	1+6=7	4+7=11	0+3=3	6+4=10
9+3=12	2+6=8	3+0=3	6+1=7	3+6=9	4+0=4	5+7=12	1+1=2	5+4=9	2+8=10
4+3=7	9+9=18	0+7=7	9+4=13	7+7=14	8+6=14	0+4=4	5+8=13	7+4=11	1+7=8
9+5=14	1+5=6	9+0=9	3+8=11	1+9=10	9+1=10	8+8=16	2+2=4	4+5=9	6+2=8
7+9=16	1+2=3	6+7=13	0+8=8	9+2=11	4+8=12	8+0=8	3+9=12	1+0=1	6+3=9
2+0=2	8+4=12	3+5=8	9+8=17	5+0=5	5+5=10	3+1=4	7+2=9	8+5=13	2+5=7
5+2=7	0+5=5	6+9=15	1+8=9	9+6=15	7+1=8	4+6=10	0+2=2	6+5=11	4+9=13
1+4=5	3+7=10	7+0=7	2+3=5	5+1=6	6+6=12	4+1=5	8+2=10	2+4=6	6+0=6
5+3=8	4+2=6	9+7=16	0+6=6	7+8=15	6+0=0	5+9=14	3+3=6	8+1=9	2+7=9

3 × 5 = 15

Saxon Math 5/4 — Homeschool

FACTS PRACTICE TEST

A | **100 Addition Facts**
For use with Lesson 4

Name _____
Time _____

Add.

4+4	7+5	0+1	8+7	3+4	3+2	8+3	2+1	5+6	2+9
8	12	1	15	7	5	11	3	11	11
0+9	8+9	7+6	1+3	6+8	7+3	1+6	4+7	0+3	6+4
9	17	13	4	14	10	7	11	3	10
9+3	2+6	3+0	6+1	3+6	4+0	5+7	1+1	5+4	2+8
12	8	3	7	9	4	12	2	9	10
4+3	9+9	0+7	9+4	7+7	8+6	0+4	5+8	7+4	1+7
7	18	7	13	14	14	4	13	11	8
9+5	1+5	9+0	3+8	1+9	9+1	8+8	2+2	4+5	6+2
14	6	9	11	10	10	16	4	9	8
7+9	1+2	6+7	0+8	9+2	4+8	8+0	3+9	1+0	6+3
16	3	13	8	11	12	8	12	1	9
2+0	8+4	3+5	9+8	5+0	5+5	3+1	7+2	8+5	2+5
2	12	8	17	5	10	4	9	13	7
5+2	0+5	6+9	1+8	9+6	7+1	4+6	0+2	6+5	4+9
7	5	15	9	15	8	10	2	11	13
1+4	3+7	7+0	2+3	5+1	6+6	4+1	8+2	2+4	6+0
5	10	7	5	6	12	5	10	6	6
5+3	4+2	9+7	0+6	7+8	0+0	5+9	3+3	8+1	2+7
8	6	16	6	15	0	14	6	9	9

16 Saxon Math 5/4—Homeschool

ACTIVITY SHEET

1 One-Dollar Bills
For use with Lesson 4

Saxon Math 5/4—Homeschool 17

ACTIVITY SHEET

2 One-Dollar Bills
For use with Lesson 4

Saxon Math 5/4—Homeschool

ACTIVITY SHEET

3 Ten-Dollar Bills
For use with Lesson 4

Saxon Math 5/4—Homeschool 21

ACTIVITY SHEET

4 Ten-Dollar Bills
For use with Lesson 4

Saxon Math 5/4—Homeschool

23

ACTIVITY SHEET

5 | One Hundred–Dollar Bills
For use with Lesson 4

Saxon Math 5/4—Homeschool

ACTIVITY SHEET

6   Place-Value Template
For use with Lesson 4

PLACE-VALUE TEMPLATE

ones

tens

hundreds

Saxon Math 5/4—Homeschool

FACTS PRACTICE TEST

 **100 Addition Facts**
For use with Lesson 5

Name _____
Time _____

Add.

4 + 4	7 + 5	0 + 1	8 + 7	3 + 4	3 + 2	8 + 3	2 + 1	5 + 6	2 + 9
0 + 9	8 + 9	7 + 6	1 + 3	6 + 8	7 + 3	1 + 6	4 + 7	0 + 3	6 + 4
9 + 3	2 + 6	3 + 0	6 + 1	3 + 6	4 + 0	5 + 7	1 + 1	5 + 4	2 + 8
4 + 3	9 + 9	0 + 7	9 + 4	7 + 7	8 + 6	0 + 4	5 + 8	7 + 4	1 + 7
9 + 5	1 + 5	9 + 0	3 + 8	1 + 9	9 + 1	8 + 8	2 + 2	4 + 5	6 + 2
7 + 9	1 + 2	6 + 7	0 + 8	9 + 2	4 + 8	8 + 0	3 + 9	1 + 0	6 + 3
2 + 0	8 + 4	3 + 5	9 + 8	5 + 0	5 + 5	3 + 1	7 + 2	8 + 5	2 + 5
5 + 2	0 + 5	6 + 9	1 + 8	9 + 6	7 + 1	4 + 6	0 + 2	6 + 5	4 + 9
1 + 4	3 + 7	7 + 0	2 + 3	5 + 1	6 + 6	4 + 1	8 + 2	2 + 4	6 + 0
5 + 3	4 + 2	9 + 7	0 + 6	7 + 8	0 + 0	5 + 9	3 + 3	8 + 1	2 + 7

Saxon Math 5/4—Homeschool

FACTS PRACTICE TEST

A — 100 Addition Facts
For use with Lesson 6

Name _____
Time _____

Add.

4 + 4	7 + 5	0 + 1	8 + 7	3 + 4	3 + 2	8 + 3	2 + 1	5 + 6	2 + 9
0 + 9	8 + 9	7 + 6	1 + 3	6 + 8	7 + 3	1 + 6	4 + 7	0 + 3	6 + 4
9 + 3	2 + 6	3 + 0	6 + 1	3 + 6	4 + 0	5 + 7	1 + 1	5 + 4	2 + 8
4 + 3	9 + 9	0 + 7	9 + 4	7 + 7	8 + 6	0 + 4	5 + 8	7 + 4	1 + 7
9 + 5	1 + 5	9 + 0	3 + 8	1 + 9	9 + 1	8 + 8	2 + 2	4 + 5	6 + 2
7 + 9	1 + 2	6 + 7	0 + 8	9 + 2	4 + 8	8 + 0	3 + 9	1 + 0	6 + 3
2 + 0	8 + 4	3 + 5	9 + 8	5 + 0	5 + 5	3 + 1	7 + 2	8 + 5	2 + 5
5 + 2	0 + 5	6 + 9	1 + 8	9 + 6	7 + 1	4 + 6	0 + 2	6 + 5	4 + 9
1 + 4	3 + 7	7 + 0	2 + 3	5 + 1	6 + 6	4 + 1	8 + 2	2 + 4	6 + 0
5 + 3	4 + 2	9 + 7	0 + 6	7 + 8	0 + 0	5 + 9	3 + 3	8 + 1	2 + 7

Saxon Math 5/4—Homeschool

FACTS PRACTICE TEST

A — **100 Addition Facts**
For use with Lesson 7

Name _____
Time _____

Add.

4 + 4	7 + 5	0 + 1	8 + 7	3 + 4	3 + 2	8 + 3	2 + 1	5 + 6	2 + 9
0 + 9	8 + 9	7 + 6	1 + 3	6 + 8	7 + 3	1 + 6	4 + 7	0 + 3	6 + 4
9 + 3	2 + 6	3 + 0	6 + 1	3 + 6	4 + 0	5 + 7	1 + 1	5 + 4	2 + 8
4 + 3	9 + 9	0 + 7	9 + 4	7 + 7	8 + 6	0 + 4	5 + 8	7 + 4	1 + 7
9 + 5	1 + 5	9 + 0	3 + 8	1 + 9	9 + 1	8 + 8	2 + 2	4 + 5	6 + 2
7 + 9	1 + 2	6 + 7	0 + 8	9 + 2	4 + 8	8 + 0	3 + 9	1 + 0	6 + 3
2 + 0	8 + 4	3 + 5	9 + 8	5 + 0	5 + 5	3 + 1	7 + 2	8 + 5	2 + 5
5 + 2	0 + 5	6 + 9	1 + 8	9 + 6	7 + 1	4 + 6	0 + 2	6 + 5	4 + 9
1 + 4	3 + 7	7 + 0	2 + 3	5 + 1	6 + 6	4 + 1	8 + 2	2 + 4	6 + 0
5 + 3	4 + 2	9 + 7	0 + 6	7 + 8	0 + 0	5 + 9	3 + 3	8 + 1	2 + 7

Saxon Math 5/4—Homeschool

FACTS PRACTICE TEST

B — 100 Subtraction Facts
For use with Lesson 8

Name _____
Time _____

Subtract.

7 − 0 = 7	10 − 8 = 2	6 − 3 = 3	14 − 5 = 9	3 − 1 = 2	16 − 9 = 7	7 − 1 = 6	18 − 9 = 9	11 − 3 = 8	13 − 7 = 6
13 − 8 = 5	7 − 4 = 3	10 − 7 = 3	0 − 0 = 0	12 − 8 = 4	10 − 9 = 1	6 − 2 = 4	13 − 4 = 9	4 − 0 = 4	10 − 5 = 5
5 − 3 = 2	7 − 5 = 12	2 − 1 = 1	6 − 6 = 0	8 − 4 = 4	7 − 2 = 5	14 − 7 = 7	8 − 1 = 7	11 − 6 = 5	3 − 3 = 0
1 − 1 = 0	11 − 9 = 2	10 − 4 = 6	9 − 2 = 7	14 − 6 = 8	17 − 8 = 9	6 − 0 = 6	10 − 6 = 4	4 − 1 = 3	9 − 5 = 4
7 − 7 = 0	14 − 8 = 6	12 − 9 = 3	9 − 8 = 1	12 − 7 = 5	12 − 3 = 9	16 − 8 = 8	9 − 1 = 8	15 − 6 = 9	11 − 4 = 7
8 − 6 = 2	15 − 9 = 6	11 − 8 = 3	3 − 2 = 1	4 − 4 = 0	8 − 2 = 6	11 − 5 = 6	5 − 0 = 5	17 − 9 = 8	6 − 1 = 5
5 − 5 = 0	4 − 3 = 1	8 − 7 = 1	7 − 3 = 4	7 − 6 = 1	5 − 1 = 4	10 − 3 = 7	12 − 6 = 6	10 − 1 = 9	6 − 4 = 2
2 − 2 = 0	13 − 6 = 7	15 − 8 = 7	2 − 0 = 2	13 − 9 = 4	16 − 7 = 9	5 − 2 = 3	12 − 4 = 8	3 − 0 = 3	11 − 7 = 4
8 − 0 = 8	9 − 4 = 5	10 − 2 = 8	6 − 5 = 1	8 − 3 = 5	9 − 0 = 9	5 − 4 = 1	12 − 5 = 7	4 − 2 = 2	9 − 3 = 6
9 − 9 = 0	15 − 7 = 8	8 − 8 = 0	14 − 9 = 5	9 − 7 = 2	13 − 5 = 8	1 − 0 = 1	8 − 5 = 3	9 − 6 = 15	11 − 2 = 9

Saxon Math 5/4—Homeschool

FACTS PRACTICE TEST

B — 100 Subtraction Facts
For use with Lesson 9

Name _____
Time _____

Subtract.

7 − 0 = 7	10 − 8 = 2	6 − 3 = 3	14 − 5 = 9	3 − 1 = 2	16 − 9 = 7	7 − 1 = 6	18 − 9 = 9	11 − 3 = 8	13 − 7 = 6
13 − 8 = 5	7 − 4 = 3	10 − 7 = 3	0 − 0 = 0	12 − 8 = 4	10 − 9 = 1	6 − 2 = 4	13 − 4 = 9	4 − 0 = 4	10 − 5 = 5
5 − 3 = 2	7 − 5 = 2	2 − 1 = 1	6 − 6 = 0	8 − 4 = 4	7 − 2 = 5	14 − 7 = 7	8 − 1 = 7	11 − 6 = 5	3 − 3 = 0
1 − 1 = 0	11 − 9 = 2	10 − 4 = 6	9 − 2 = 7	14 − 6 = 8	17 − 8 = 9	6 − 0 = 6	10 − 6 = 4	4 − 1 = 3	9 − 5 = 4
7 − 7 = 0	14 − 8 = 6	12 − 9 = 3	9 − 8 = 1	12 − 7 = 5	12 − 3 = 9	16 − 8 = 8	9 − 1 = 8	15 − 6 = 9	11 − 4 = 7
8 − 6 = 2	15 − 9 = 6	11 − 8 = 3	3 − 2 = 1	4 − 4 = 0	8 − 2 = 6	11 − 5 = 6	5 − 0 = 5	17 − 9 = 8	6 − 1 = 5
5 − 5 = 0	4 − 3 = 1	8 − 7 = 1	7 − 3 = 4	7 − 6 = 1	5 − 1 = 4	10 − 3 = 7	12 − 6 = 6	10 − 1 = 9	6 − 4 = 2
2 − 2 = 0	13 − 6 = 7	15 − 8 = 7	2 − 0 = 2	13 − 9 = 4	16 − 7 = 9	5 − 2 = 3	12 − 4 = 8	3 − 0 = 3	11 − 7 = 4
8 − 0 = 8	9 − 4 = 5	10 − 2 = 8	6 − 5 = 1	8 − 3 = 5	9 − 0 = 9	5 − 4 = 1	12 − 5 = 7	4 − 2 = 2	9 − 3 = 6
9 − 9 = 0	15 − 7 = 8	8 − 8 = 0	14 − 9 = 5	9 − 7 = 2	13 − 5 = 8	1 − 0 = 1	8 − 5 = 3	9 − 6 = 3	11 − 2 = 9

Saxon Math 5/4 — Homeschool

FACTS PRACTICE TEST

 A **100 Addition Facts**
For use with Lesson 10

Name _____
Time _____

Add.

4 + 4 = 8	7 + 5 = 12	0 + 1 = 1	8 + 7 = 15	3 + 4 = 7	3 + 2 = 5	8 + 3 = 11	2 + 1 = 3	5 + 6 = 11	2 + 9 = 11
0 + 9 = 9	8 + 9 = 17	7 + 6 = 13	1 + 3 = 4	6 + 8 = 14	7 + 3 = 10	1 + 6 = 7	4 + 7 = 11	0 + 3 = 3	6 + 4 = 10
9 + 3 = 12	2 + 6 = 8	3 + 0 = 3	6 + 1 = 7	3 + 6 = 9	4 + 0 = 4	5 + 7 = 12	1 + 1 = 2	5 + 4 = 9	2 + 8 = 10
4 + 3 = 7	9 + 9 = 18	0 + 7 = 7	9 + 4 = 13	7 + 7 = 14	8 + 6 = 14	0 + 4 = 4	5 + 8 = 13	7 + 4 = 11	1 + 7 = 8
9 + 5 = 14	1 + 5 = 6	9 + 0 = 9	3 + 8 = 11	1 + 9 = 10	9 + 1 = 10	8 + 8 = 16	2 + 2 = 4	4 + 5 = 9	6 + 2 = 8
7 + 9 = 16	1 + 2 = 3	6 + 7 = 13	0 + 8 = 8	9 + 2 = 11	4 + 8 = 12	8 + 0 = 8	3 + 9 = 12	1 + 0 = 1	6 + 3 = 9
2 + 0 = 2	8 + 4 = 12	3 + 5 = 8	9 + 8 = 17	5 + 0 = 5	5 + 5 = 10	3 + 1 = 4	7 + 2 = 9	8 + 5 = 13	2 + 5 = 7
5 + 2 = 7	0 + 5 = 5	6 + 9 = 15	1 + 8 = 9	9 + 6 = 15	7 + 1 = 8	4 + 6 = 10	0 + 2 = 2	6 + 5 = 11	4 + 9 = 13
1 + 4 = 5	3 + 7 = 10	7 + 0 = 7	2 + 3 = 5	5 + 1 = 6	6 + 6 = 12	4 + 1 = 5	8 + 2 = 10	2 + 4 = 6	6 + 0 = 6
5 + 3 = 8	4 + 2 = 6	9 + 7 = 16	0 + 6 = 6	7 + 8 = 15	0 + 0 = 0	5 + 9 = 14	3 + 3 = 6	8 + 1 = 9	2 + 7 = 9

34 *Saxon Math 5/4—Homeschool*

FACTS PRACTICE TEST

A — 100 Addition Facts
For use with Test 1

Name _____

Time _____

Add.

4 + 4	7 + 5	0 + 1	8 + 7	3 + 4	3 + 2	8 + 3	2 + 1	5 + 6	2 + 9
0 + 9	8 + 9	7 + 6	1 + 3	6 + 8	7 + 3	1 + 6	4 + 7	0 + 3	6 + 4
9 + 3	2 + 6	3 + 0	6 + 1	3 + 6	4 + 0	5 + 7	1 + 1	5 + 4	2 + 8
4 + 3	9 + 9	0 + 7	9 + 4	7 + 7	8 + 6	0 + 4	5 + 8	7 + 4	1 + 7
9 + 5	1 + 5	9 + 0	3 + 8	1 + 9	9 + 1	8 + 8	2 + 2	4 + 5	6 + 2
7 + 9	1 + 2	6 + 7	0 + 8	9 + 2	4 + 8	8 + 0	3 + 9	1 + 0	6 + 3
2 + 0	8 + 4	3 + 5	9 + 8	5 + 0	5 + 5	3 + 1	7 + 2	8 + 5	2 + 5
5 + 2	0 + 5	6 + 9	1 + 8	9 + 6	7 + 1	4 + 6	0 + 2	6 + 5	4 + 9
1 + 4	3 + 7	7 + 0	2 + 3	5 + 1	6 + 6	4 + 1	8 + 2	2 + 4	6 + 0
5 + 3	4 + 2	9 + 7	0 + 6	7 + 8	0 + 0	5 + 9	3 + 3	8 + 1	2 + 7

Saxon Math 5/4—Homeschool

FACTS PRACTICE TEST

A — 100 Addition Facts
For use with Lesson 11

Name _____
Time _____

Add.

4+4	7+5	0+1	8+7	3+4	3+2	8+3	2+1	5+6	2+9
0+9	8+9	7+6	1+3	6+8	7+3	1+6	4+7	0+3	6+4
9+3	2+6	3+0	6+1	3+6	4+0	5+7	1+1	5+4	2+8
4+3	9+9	0+7	9+4	7+7	8+6	0+4	5+8	7+4	1+7
9+5	1+5	9+0	3+8	1+9	9+1	8+8	2+2	4+5	6+2
7+9	1+2	6+7	0+8	9+2	4+8	8+0	3+9	1+0	6+3
2+0	8+4	3+5	9+8	5+0	5+5	3+1	7+2	8+5	2+5
5+2	0+5	6+9	1+8	9+6	7+1	4+6	0+2	6+5	4+9
1+4	3+7	7+0	2+3	5+1	6+6	4+1	8+2	2+4	6+0
5+3	4+2	9+7	0+6	7+8	0+0	5+9	3+3	8+1	2+7

36 Saxon Math 5/4—Homeschool

FACTS PRACTICE TEST

A — **100 Addition Facts**
For use with Lesson 12

Name _____
Time _____

04/19/2023

Add.

4 + 4 = 8	7 + 5 = 12	0 + 1 = 1	8 + 7 = 15	3 + 4 = 7	3 + 2 = 5	8 + 3 = 11	2 + 1 = 3	5 + 6 = 11	2 + 9 = 11
0 + 9 = 9	8 + 9 = 17	7 + 6 = 13	1 + 3 = 4	6 + 8 = 15	7 + 3 = 10	1 + 6 = 7	4 + 7 = 11	0 + 3 = 3	6 + 4 = 10
9 + 3 = 12	2 + 6 = 8	3 + 0 = 3	6 + 1 = 7	3 + 6 = 9	4 + 0 = 4	5 + 7 = 12	1 + 1 = 2	5 + 4 = 9	2 + 8 = 10
4 + 3 = 7	9 + 9 = 18	0 + 7 = 7	9 + 4 = 13	7 + 7 = 14	8 + 6 = 14	0 + 4 = 4	5 + 8 = 12	7 + 4 = 11	1 + 7 = 8
9 + 5 = 14	1 + 5 = 7	9 + 0 = 11	3 + 8 = 10	1 + 9 = 10	9 + 1 = 10	8 + 8 = 16	2 + 2 = 4	4 + 5 = 9	6 + 2 = 8
7 + 9 = 16	1 + 2 = 3	6 + 7 = 13	0 + 8 = 8	9 + 2 = 11	4 + 8 = 13	8 + 0 = 8	3 + 9 = 12	1 + 0 = 1	6 + 3 = 9
2 + 0 = 2	8 + 4 = 12	3 + 5 = 8	9 + 8 = 17	5 + 0 = 5	5 + 5 = 10	3 + 1 = 4	7 + 2 = 9	8 + 5 = 13	2 + 5 = 7
5 + 2 = 7	0 + 5 = 5	6 + 9 = 15	1 + 8 = 9	9 + 6 = 15	7 + 1 = 8	4 + 6 = 10	0 + 2 = 2	6 + 5 = 11	4 + 9 = 13
1 + 4 = 5	3 + 7 = 10	7 + 0 = 7	2 + 3 = 5	5 + 1 = 0	6 + 6 = 12	4 + 1 = 5	8 + 2 = 10	2 + 4 = 0	6 + 0 = 6
5 + 3 = 8	4 + 2 = 6	9 + 7 = 16	0 + 6 = 6	7 + 8 = 15	0 + 0 = 0	5 + 9 = 14	3 + 3 = 6	8 + 1 = 4	2 + 7 = 9

Saxon Math 5/4—Homeschool 37

ACTIVITY SHEET

7 Hundred Number Chart
For use with Lesson 12

Name _____

1	2	3	4	5	6	7	8	9	10
11	12	13	14	15	16	17	18	19	20
21	22	23	24	25	26	27	28	29	30
31	32	33	34	35	36	37	38	39	40
41	42	43	44	45	46	47	48	49	50
51	52	53	54	55	56	57	58	59	60
61	62	63	64	65	66	67	68	69	70
71	72	73	74	75	76	77	78	79	80
81	82	83	84	85	86	87	88	89	90
91	92	93	94	95	96	97	98	99	100

Saxon Math 5/4—Homeschool

FACTS PRACTICE TEST

A — 100 Addition Facts
For use with Lesson 13

Name _____
Time _____

Add.

4+4	7+5	0+1	8+7	3+4	3+2	8+3	2+1	5+6	2+9
0+9	8+9	7+6	1+3	6+8	7+3	1+6	4+7	0+3	6+4
9+3	2+6	3+0	6+1	3+6	4+0	5+7	1+1	5+4	2+8
4+3	9+9	0+7	9+4	7+7	8+6	0+4	5+8	7+4	1+7
9+5	1+5	9+0	3+8	1+9	9+1	8+8	2+2	4+5	6+2
7+9	1+2	6+7	0+8	9+2	4+8	8+0	3+9	1+0	6+3
2+0	8+4	3+5	9+8	5+0	5+5	3+1	7+2	8+5	2+5
5+2	0+5	6+9	1+8	9+6	7+1	4+6	0+2	6+5	4+9
1+4	3+7	7+0	2+3	5+1	6+6	4+1	8+2	2+4	6+0
5+3	4+2	9+7	0+6	7+8	0+0	5+9	3+3	8+1	2+7

Saxon Math 5/4—Homeschool

FACTS PRACTICE TEST

A **100 Addition Facts**
For use with Lesson 14

Name _____
Time _____

Add.

4 + 4	7 + 5	0 + 1	8 + 7	3 + 4	3 + 2	8 + 3	2 + 1	5 + 6	2 + 9
0 + 9	8 + 9	7 + 6	1 + 3	6 + 8	7 + 3	1 + 6	4 + 7	0 + 3	6 + 4
9 + 3	2 + 6	3 + 0	6 + 1	3 + 6	4 + 0	5 + 7	1 + 1	5 + 4	2 + 8
4 + 3	9 + 9	0 + 7	9 + 4	7 + 7	8 + 6	0 + 4	5 + 8	7 + 4	1 + 7
9 + 5	1 + 5	9 + 0	3 + 8	1 + 9	9 + 1	8 + 8	2 + 2	4 + 5	6 + 2
7 + 9	1 + 2	6 + 7	0 + 8	9 + 2	4 + 8	8 + 0	3 + 9	1 + 0	6 + 3
2 + 0	8 + 4	3 + 5	9 + 8	5 + 0	5 + 5	3 + 1	7 + 2	8 + 5	2 + 5
5 + 2	0 + 5	6 + 9	1 + 8	9 + 6	7 + 1	4 + 6	0 + 2	6 + 5	4 + 9
1 + 4	3 + 7	7 + 0	2 + 3	5 + 1	6 + 6	4 + 1	8 + 2	2 + 4	6 + 0
5 + 3	4 + 2	9 + 7	0 + 6	7 + 8	0 + 0	5 + 9	3 + 3	8 + 1	2 + 7

42 *Saxon Math 5/4—Homeschool*

ACTIVITY SHEET

8   **Hundred Number Chart**   Name _____
For use with Lesson 14

1	2	3	4	5	6	7	8	9	10
11	12	13	14	15	16	17	18	19	20
21	22	23	24	25	26	27	28	29	30
31	32	33	34	35	36	37	38	39	40
41	42	43	44	45	46	47	48	49	50
51	52	53	54	55	56	57	58	59	60
61	62	63	64	65	66	67	68	69	70
71	72	73	74	75	76	77	78	79	80
81	82	83	84	85	86	87	88	89	90
91	92	93	94	95	96	97	98	99	100

Saxon Math 5/4—Homeschool

FACTS PRACTICE TEST

A   **100 Addition Facts**
For use with Lesson 15

Name _____

Time _____

Add.

4 + 4	7 + 5	0 + 1	8 + 7	3 + 4	3 + 2	8 + 3	2 + 1	5 + 6	2 + 9
0 + 9	8 + 9	7 + 6	1 + 3	6 + 8	7 + 3	1 + 6	4 + 7	0 + 3	6 + 4
9 + 3	2 + 6	3 + 0	6 + 1	3 + 6	4 + 0	5 + 7	1 + 1	5 + 4	2 + 8
4 + 3	9 + 9	0 + 7	9 + 4	7 + 7	8 + 6	0 + 4	5 + 8	7 + 4	1 + 7
9 + 5	1 + 5	9 + 0	3 + 8	1 + 9	9 + 1	8 + 8	2 + 2	4 + 5	6 + 2
7 + 9	1 + 2	6 + 7	0 + 8	9 + 2	4 + 8	8 + 0	3 + 9	1 + 0	6 + 3
2 + 0	8 + 4	3 + 5	9 + 8	5 + 0	5 + 5	3 + 1	7 + 2	8 + 5	2 + 5
5 + 2	0 + 5	6 + 9	1 + 8	9 + 6	7 + 1	4 + 6	0 + 2	6 + 5	4 + 9
1 + 4	3 + 7	7 + 0	2 + 3	5 + 1	6 + 6	4 + 1	8 + 2	2 + 4	6 + 0
5 + 3	4 + 2	9 + 7	0 + 6	7 + 8	0 + 0	5 + 9	3 + 3	8 + 1	2 + 7

Saxon Math 5/4—Homeschool

FACTS PRACTICE TEST

A **100 Addition Facts**
For use with Test 2

Name _____
Time _____

Add.

4 + 4	7 + 5	0 + 1	8 + 7	3 + 4	3 + 2	8 + 3	2 + 1	5 + 6	2 + 9
0 + 9	8 + 9	7 + 6	1 + 3	6 + 8	7 + 3	1 + 6	4 + 7	0 + 3	6 + 4
9 + 3	2 + 6	3 + 0	6 + 1	3 + 6	4 + 0	5 + 7	1 + 1	5 + 4	2 + 8
4 + 3	9 + 9	0 + 7	9 + 4	7 + 7	8 + 6	0 + 4	5 + 8	7 + 4	1 + 7
9 + 5	1 + 5	9 + 0	3 + 8	1 + 9	9 + 1	8 + 8	2 + 2	4 + 5	6 + 2
7 + 9	1 + 2	6 + 7	0 + 8	9 + 2	4 + 8	8 + 0	3 + 9	1 + 0	6 + 3
2 + 0	8 + 4	3 + 5	9 + 8	5 + 0	5 + 5	3 + 1	7 + 2	8 + 5	2 + 5
5 + 2	0 + 5	6 + 9	1 + 8	9 + 6	7 + 1	4 + 6	0 + 2	6 + 5	4 + 9
1 + 4	3 + 7	7 + 0	2 + 3	5 + 1	6 + 6	4 + 1	8 + 2	2 + 4	6 + 0
5 + 3	4 + 2	9 + 7	0 + 6	7 + 8	0 + 0	5 + 9	3 + 3	8 + 1	2 + 7

Saxon Math 5/4—Homeschool

FACTS PRACTICE TEST

B **100 Subtraction Facts**
For use with Lesson 16

Name _____
Time _____

Subtract.

7 − 0	10 − 8	6 − 3	14 − 5	3 − 1	16 − 9	7 − 1	18 − 9	11 − 3	13 − 7
13 − 8	7 − 4	10 − 7	0 − 0	12 − 8	10 − 9	6 − 2	13 − 4	4 − 0	10 − 5
5 − 3	7 − 5	2 − 1	6 − 6	8 − 4	7 − 2	14 − 7	8 − 1	11 − 6	3 − 3
1 − 1	11 − 9	10 − 4	9 − 2	14 − 6	17 − 8	6 − 0	10 − 6	4 − 1	9 − 5
7 − 7	14 − 8	12 − 9	9 − 8	12 − 7	12 − 3	16 − 8	9 − 1	15 − 6	11 − 4
8 − 6	15 − 9	11 − 8	3 − 2	4 − 4	8 − 2	11 − 5	5 − 0	17 − 9	6 − 1
5 − 5	4 − 3	8 − 7	7 − 3	7 − 6	5 − 1	10 − 3	12 − 6	10 − 1	6 − 4
2 − 2	13 − 6	15 − 8	2 − 0	13 − 9	16 − 7	5 − 2	12 − 4	3 − 0	11 − 7
8 − 0	9 − 4	10 − 2	6 − 5	8 − 3	9 − 0	5 − 4	12 − 5	4 − 2	9 − 3
9 − 9	15 − 7	8 − 8	14 − 9	9 − 7	13 − 5	1 − 0	8 − 5	9 − 6	11 − 2

Saxon Math 5/4—Homeschool

ACTIVITY SHEET

9 | **Hundred Number Chart**
For use with Lesson 16

Name _____

1	2	3	4	5	6	7	8	9	10
11	12	13	14	15	16	17	18	19	20
21	22	23	24	25	26	27	28	29	30
31	32	33	34	35	36	37	38	39	40
41	42	43	44	45	46	47	48	49	50
51	52	53	54	55	56	57	58	59	60
61	62	63	64	65	66	67	68	69	70
71	72	73	74	75	76	77	78	79	80
81	82	83	84	85	86	87	88	89	90
91	92	93	94	95	96	97	98	99	100

Saxon Math 5/4—Homeschool

FACTS PRACTICE TEST

B | **100 Subtraction Facts**
For use with Lesson 17

Name _____
Time _____

Subtract.

7 − 0	10 − 8	6 − 3	14 − 5	3 − 1	16 − 9	7 − 1	18 − 9	11 − 3	13 − 7
13 − 8	7 − 4	10 − 7	0 − 0	12 − 8	10 − 9	6 − 2	13 − 4	4 − 0	10 − 5
5 − 3	7 − 5	2 − 1	6 − 6	8 − 4	7 − 2	14 − 7	8 − 1	11 − 6	3 − 3
1 − 1	11 − 9	10 − 4	9 − 2	14 − 6	17 − 8	6 − 0	10 − 6	4 − 1	9 − 5
7 − 7	14 − 8	12 − 9	9 − 8	12 − 7	12 − 3	16 − 8	9 − 1	15 − 6	11 − 4
8 − 6	15 − 9	11 − 8	3 − 2	4 − 4	8 − 2	11 − 5	5 − 0	17 − 9	6 − 1
5 − 5	4 − 3	8 − 7	7 − 3	7 − 6	5 − 1	10 − 3	12 − 6	10 − 1	6 − 4
2 − 2	13 − 6	15 − 8	2 − 0	13 − 9	16 − 7	5 − 2	12 − 4	3 − 0	11 − 7
8 − 0	9 − 4	10 − 2	6 − 5	8 − 3	9 − 0	5 − 4	12 − 5	4 − 2	9 − 3
9 − 9	15 − 7	8 − 8	14 − 9	9 − 7	13 − 5	1 − 0	8 − 5	9 − 6	11 − 2

Saxon Math 5/4—Homeschool 51

FACTS PRACTICE TEST

B 100 Subtraction Facts
For use with Lesson 18

Name _____

Time _____

Subtract.

7 − 0	10 − 8	6 − 3	14 − 5	3 − 1	16 − 9	7 − 1	18 − 9	11 − 3	13 − 7
13 − 8	7 − 4	10 − 7	0 − 0	12 − 8	10 − 9	6 − 2	13 − 4	4 − 0	10 − 5
5 − 3	7 − 5	2 − 1	6 − 6	8 − 4	7 − 2	14 − 7	8 − 1	11 − 6	3 − 3
1 − 1	11 − 9	10 − 4	9 − 2	14 − 6	17 − 8	6 − 0	10 − 6	4 − 1	9 − 5
7 − 7	14 − 8	12 − 9	9 − 8	12 − 7	12 − 3	16 − 8	9 − 1	15 − 6	11 − 4
8 − 6	15 − 9	11 − 8	3 − 2	4 − 4	8 − 2	11 − 5	5 − 0	17 − 9	6 − 1
5 − 5	4 − 3	8 − 7	7 − 3	7 − 6	5 − 1	10 − 3	12 − 6	10 − 1	6 − 4
2 − 2	13 − 6	15 − 8	2 − 0	13 − 9	16 − 7	5 − 2	12 − 4	3 − 0	11 − 7
8 − 0	9 − 4	10 − 2	6 − 5	8 − 3	9 − 0	5 − 4	12 − 5	4 − 2	9 − 3
9 − 9	15 − 7	8 − 8	14 − 9	9 − 7	13 − 5	1 − 0	8 − 5	9 − 6	11 − 2

Saxon Math 5/4—Homeschool

ACTIVITY SHEET

10

Hundred Number Chart
For use with Lesson 18

Name _____

1	2	3	4	5	6	7	8	9	10
11	12	13	14	15	16	17	18	19	20
21	22	23	24	25	26	27	28	29	30
31	32	33	34	35	36	37	38	39	40
41	42	43	44	45	46	47	48	49	50
51	52	53	54	55	56	57	58	59	60
61	62	63	64	65	66	67	68	69	70
71	72	73	74	75	76	77	78	79	80
81	82	83	84	85	86	87	88	89	90
91	92	93	94	95	96	97	98	99	100

Saxon Math 5/4—Homeschool

FACTS PRACTICE TEST

A **100 Addition Facts**
For use with Lesson 19

Name _____
Time _____

Add.

4 + 4	7 + 5	0 + 1	8 + 7	3 + 4	3 + 2	8 + 3	2 + 1	5 + 6	2 + 9
0 + 9	8 + 9	7 + 6	1 + 3	6 + 8	7 + 3	1 + 6	4 + 7	0 + 3	6 + 4
9 + 3	2 + 6	3 + 0	6 + 1	3 + 6	4 + 0	5 + 7	1 + 1	5 + 4	2 + 8
4 + 3	9 + 9	0 + 7	9 + 4	7 + 7	8 + 6	0 + 4	5 + 8	7 + 4	1 + 7
9 + 5	1 + 5	9 + 0	3 + 8	1 + 9	9 + 1	8 + 8	2 + 2	4 + 5	6 + 2
7 + 9	1 + 2	6 + 7	0 + 8	9 + 2	4 + 8	8 + 0	3 + 9	1 + 0	6 + 3
2 + 0	8 + 4	3 + 5	9 + 8	5 + 0	5 + 5	3 + 1	7 + 2	8 + 5	2 + 5
5 + 2	0 + 5	6 + 9	1 + 8	9 + 6	7 + 1	4 + 6	0 + 2	6 + 5	4 + 9
1 + 4	3 + 7	7 + 0	2 + 3	5 + 1	6 + 6	4 + 1	8 + 2	2 + 4	6 + 0
5 + 3	4 + 2	9 + 7	0 + 6	7 + 8	0 + 0	5 + 9	3 + 3	8 + 1	2 + 7

Saxon Math 5/4—Homeschool

FACTS PRACTICE TEST

B **100 Subtraction Facts**
For use with Lesson 20

Name _____
Time _____

Subtract.

7 − 0	10 − 8	6 − 3	14 − 5	3 − 1	16 − 9	7 − 1	18 − 9	11 − 3	13 − 7
13 − 8	7 − 4	10 − 7	0 − 0	12 − 8	10 − 9	6 − 2	13 − 4	4 − 0	10 − 5
5 − 3	7 − 5	2 − 1	6 − 6	8 − 4	7 − 2	14 − 7	8 − 1	11 − 6	3 − 3
1 − 1	11 − 9	10 − 4	9 − 2	14 − 6	17 − 8	6 − 0	10 − 6	4 − 1	9 − 5
7 − 7	14 − 8	12 − 9	9 − 8	12 − 7	12 − 3	16 − 8	9 − 1	15 − 6	11 − 4
8 − 6	15 − 9	11 − 8	3 − 2	4 − 4	8 − 2	11 − 5	5 − 0	17 − 9	6 − 1
5 − 5	4 − 3	8 − 7	7 − 3	7 − 6	5 − 1	10 − 3	12 − 6	10 − 1	6 − 4
2 − 2	13 − 6	15 − 8	2 − 0	13 − 9	16 − 7	5 − 2	12 − 4	3 − 0	11 − 7
8 − 0	9 − 4	10 − 2	6 − 5	8 − 3	9 − 0	5 − 4	12 − 5	4 − 2	9 − 3
9 − 9	15 − 7	8 − 8	14 − 9	9 − 7	13 − 5	1 − 0	8 − 5	9 − 6	11 − 2

56   *Saxon Math 5/4—Homeschool*

ACTIVITY SHEET

11   Hundred Number Chart   Name _____
For use with Lesson 20

1	2	3	4	5	6	7	8	9	10
11	12	13	14	15	16	17	18	19	20
21	22	23	24	25	26	27	28	29	30
31	32	33	34	35	36	37	38	39	40
41	42	43	44	45	46	47	48	49	50
51	52	53	54	55	56	57	58	59	60
61	62	63	64	65	66	67	68	69	70
71	72	73	74	75	76	77	78	79	80
81	82	83	84	85	86	87	88	89	90
91	92	93	94	95	96	97	98	99	100

Saxon Math 5/4—Homeschool

FACTS PRACTICE TEST

A | **100 Addition Facts**
For use with Test 3

Name _____
Time _____

Add.

4 + 4	7 + 5	0 + 1	8 + 7	3 + 4	3 + 2	8 + 3	2 + 1	5 + 6	2 + 9
0 + 9	8 + 9	7 + 6	1 + 3	6 + 8	7 + 3	1 + 6	4 + 7	0 + 3	6 + 4
9 + 3	2 + 6	3 + 0	6 + 1	3 + 6	4 + 0	5 + 7	1 + 1	5 + 4	2 + 8
4 + 3	9 + 9	0 + 7	9 + 4	7 + 7	8 + 6	0 + 4	5 + 8	7 + 4	1 + 7
9 + 5	1 + 5	9 + 0	3 + 8	1 + 9	9 + 1	8 + 8	2 + 2	4 + 5	6 + 2
7 + 9	1 + 2	6 + 7	0 + 8	9 + 2	4 + 8	8 + 0	3 + 9	1 + 0	6 + 3
2 + 0	8 + 4	3 + 5	9 + 8	5 + 0	5 + 5	3 + 1	7 + 2	8 + 5	2 + 5
5 + 2	0 + 5	6 + 9	1 + 8	9 + 6	7 + 1	4 + 6	0 + 2	6 + 5	4 + 9
1 + 4	3 + 7	7 + 0	2 + 3	5 + 1	6 + 6	4 + 1	8 + 2	2 + 4	6 + 0
5 + 3	4 + 2	9 + 7	0 + 6	7 + 8	0 + 0	5 + 9	3 + 3	8 + 1	2 + 7

Saxon Math 5/4—Homeschool

FACTS PRACTICE TEST

B | **100 Subtraction Facts**
For use with Lesson 21

Name _____
Time _____

Subtract.

7 − 0	10 − 8	6 − 3	14 − 5	3 − 1	16 − 9	7 − 1	18 − 9	11 − 3	13 − 7
13 − 8	7 − 4	10 − 7	0 − 0	12 − 8	10 − 9	6 − 2	13 − 4	4 − 0	10 − 5
5 − 3	7 − 5	2 − 1	6 − 6	8 − 4	7 − 2	14 − 7	8 − 1	11 − 6	3 − 3
1 − 1	11 − 9	10 − 4	9 − 2	14 − 6	17 − 8	6 − 0	10 − 6	4 − 1	9 − 5
7 − 7	14 − 8	12 − 9	9 − 8	12 − 7	12 − 3	16 − 8	9 − 1	15 − 6	11 − 4
8 − 6	15 − 9	11 − 8	3 − 2	4 − 4	8 − 2	11 − 5	5 − 0	17 − 9	6 − 1
5 − 5	4 − 3	8 − 7	7 − 3	7 − 6	5 − 1	10 − 3	12 − 6	10 − 1	6 − 4
2 − 2	13 − 6	15 − 8	2 − 0	13 − 9	16 − 7	5 − 2	12 − 4	3 − 0	11 − 7
8 − 0	9 − 4	10 − 2	6 − 5	8 − 3	9 − 0	5 − 4	12 − 5	4 − 2	9 − 3
9 − 9	15 − 7	8 − 8	14 − 9	9 − 7	13 − 5	1 − 0	8 − 5	9 − 6	11 − 2

Saxon Math 5/4—Homeschool

ACTIVITY SHEET

12   Hundred Number Chart
For use with Lesson 21

Name _____

1	2	3	4	5	6	7	8	9	10
11	12	13	14	15	16	17	18	19	20
21	22	23	24	25	26	27	28	29	30
31	32	33	34	35	36	37	38	39	40
41	42	43	44	45	46	47	48	49	50
51	52	53	54	55	56	57	58	59	60
61	62	63	64	65	66	67	68	69	70
71	72	73	74	75	76	77	78	79	80
81	82	83	84	85	86	87	88	89	90
91	92	93	94	95	96	97	98	99	100

Saxon Math 5/4—Homeschool

FACTS PRACTICE TEST

A — 100 Addition Facts
For use with Lesson 22

Name _____

Time _____

Add.

4 + 4	7 + 5	0 + 1	8 + 7	3 + 4	3 + 2	8 + 3	2 + 1	5 + 6	2 + 9
0 + 9	8 + 9	7 + 6	1 + 3	6 + 8	7 + 3	1 + 6	4 + 7	0 + 3	6 + 4
9 + 3	2 + 6	3 + 0	6 + 1	3 + 6	4 + 0	5 + 7	1 + 1	5 + 4	2 + 8
4 + 3	9 + 9	0 + 7	9 + 4	7 + 7	8 + 6	0 + 4	5 + 8	7 + 4	1 + 7
9 + 5	1 + 5	9 + 0	3 + 8	1 + 9	9 + 1	8 + 8	2 + 2	4 + 5	6 + 2
7 + 9	1 + 2	6 + 7	0 + 8	9 + 2	4 + 8	8 + 0	3 + 9	1 + 0	6 + 3
2 + 0	8 + 4	3 + 5	9 + 8	5 + 0	5 + 5	3 + 1	7 + 2	8 + 5	2 + 5
5 + 2	0 + 5	6 + 9	1 + 8	9 + 6	7 + 1	4 + 6	0 + 2	6 + 5	4 + 9
1 + 4	3 + 7	7 + 0	2 + 3	5 + 1	6 + 6	4 + 1	8 + 2	2 + 4	6 + 0
5 + 3	4 + 2	9 + 7	0 + 6	7 + 8	0 + 0	5 + 9	3 + 3	8 + 1	2 + 7

Saxon Math 5/4 — Homeschool

FACTS PRACTICE TEST

B **100 Subtraction Facts**
For use with Lesson 23

Name _____

Time _____

Subtract.

7 − 0	10 − 8	6 − 3	14 − 5	3 − 1	16 − 9	7 − 1	18 − 9	11 − 3	13 − 7
13 − 8	7 − 4	10 − 7	0 − 0	12 − 8	10 − 9	6 − 2	13 − 4	4 − 0	10 − 5
5 − 3	7 − 5	2 − 1	6 − 6	8 − 4	7 − 2	14 − 7	8 − 1	11 − 6	3 − 3
1 − 1	11 − 9	10 − 4	9 − 2	14 − 6	17 − 8	6 − 0	10 − 6	4 − 1	9 − 5
7 − 7	14 − 8	12 − 9	9 − 8	12 − 7	12 − 3	16 − 8	9 − 1	15 − 6	11 − 4
8 − 6	15 − 9	11 − 8	3 − 2	4 − 4	8 − 2	11 − 5	5 − 0	17 − 9	6 − 1
5 − 5	4 − 3	8 − 7	7 − 3	7 − 6	5 − 1	10 − 3	12 − 6	10 − 1	6 − 4
2 − 2	13 − 6	15 − 8	2 − 0	13 − 9	16 − 7	5 − 2	12 − 4	3 − 0	11 − 7
8 − 0	9 − 4	10 − 2	6 − 5	8 − 3	9 − 0	5 − 4	12 − 5	4 − 2	9 − 3
9 − 9	15 − 7	8 − 8	14 − 9	9 − 7	13 − 5	1 − 0	8 − 5	9 − 6	11 − 2

Saxon Math 5/4—Homeschool

ACTIVITY SHEET

13   Hundred Number Chart
For use with Lesson 23

Name _____

1	2	3	4	5	6	7	8	9	10
11	12	13	14	15	16	17	18	19	20
21	22	23	24	25	26	27	28	29	30
31	32	33	34	35	36	37	38	39	40
41	42	43	44	45	46	47	48	49	50
51	52	53	54	55	56	57	58	59	60
61	62	63	64	65	66	67	68	69	70
71	72	73	74	75	76	77	78	79	80
81	82	83	84	85	86	87	88	89	90
91	92	93	94	95	96	97	98	99	100

Saxon Math 5/4—Homeschool

FACTS PRACTICE TEST

B **100 Subtraction Facts**
For use with Lesson 24

Name _____
Time _____

Subtract.

7 − 0	10 − 8	6 − 3	14 − 5	3 − 1	16 − 9	7 − 1	18 − 9	11 − 3	13 − 7
13 − 8	7 − 4	10 − 7	0 − 0	12 − 8	10 − 9	6 − 2	13 − 4	4 − 0	10 − 5
5 − 3	7 − 5	2 − 1	6 − 6	8 − 4	7 − 2	14 − 7	8 − 1	11 − 6	3 − 3
1 − 1	11 − 9	10 − 4	9 − 2	14 − 6	17 − 8	6 − 0	10 − 6	4 − 1	9 − 5
7 − 7	14 − 8	12 − 9	9 − 8	12 − 7	12 − 3	16 − 8	9 − 1	15 − 6	11 − 4
8 − 6	15 − 9	11 − 8	3 − 2	4 − 4	8 − 2	11 − 5	5 − 0	17 − 9	6 − 1
5 − 5	4 − 3	8 − 7	7 − 3	7 − 6	5 − 1	10 − 3	12 − 6	10 − 1	6 − 4
2 − 2	13 − 6	15 − 8	2 − 0	13 − 9	16 − 7	5 − 2	12 − 4	3 − 0	11 − 7
8 − 0	9 − 4	10 − 2	6 − 5	8 − 3	9 − 0	5 − 4	12 − 5	4 − 2	9 − 3
9 − 9	15 − 7	8 − 8	14 − 9	9 − 7	13 − 5	1 − 0	8 − 5	9 − 6	11 − 2

Saxon Math 5/4—Homeschool

FACTS PRACTICE TEST

B **100 Subtraction Facts**
For use with Lesson 25

Name _____
Time _____

Subtract.

7 − 0	10 − 8	6 − 3	14 − 5	3 − 1	16 − 9	7 − 1	18 − 9	11 − 3	13 − 7
13 − 8	7 − 4	10 − 7	0 − 0	12 − 8	10 − 9	6 − 2	13 − 4	4 − 0	10 − 5
5 − 3	7 − 5	2 − 1	6 − 6	8 − 4	7 − 2	14 − 7	8 − 1	11 − 6	3 − 3
1 − 1	11 − 9	10 − 4	9 − 2	14 − 6	17 − 8	6 − 0	10 − 6	4 − 1	9 − 5
7 − 7	14 − 8	12 − 9	9 − 8	12 − 7	12 − 3	16 − 8	9 − 1	15 − 6	11 − 4
8 − 6	15 − 9	11 − 8	3 − 2	4 − 4	8 − 2	11 − 5	5 − 0	17 − 9	6 − 1
5 − 5	4 − 3	8 − 7	7 − 3	7 − 6	5 − 1	10 − 3	12 − 6	10 − 1	6 − 4
2 − 2	13 − 6	15 − 8	2 − 0	13 − 9	16 − 7	5 − 2	12 − 4	3 − 0	11 − 7
8 − 0	9 − 4	10 − 2	6 − 5	8 − 3	9 − 0	5 − 4	12 − 5	4 − 2	9 − 3
9 − 9	15 − 7	8 − 8	14 − 9	9 − 7	13 − 5	1 − 0	8 − 5	9 − 6	11 − 2

Saxon Math 5/4—Homeschool

FACTS PRACTICE TEST

B | **100 Subtraction Facts**
For use with Test 4

Name _____
Time _____

Subtract.

7 − 0	10 − 8	6 − 3	14 − 5	3 − 1	16 − 9	7 − 1	18 − 9	11 − 3	13 − 7
13 − 8	7 − 4	10 − 7	0 − 0	12 − 8	10 − 9	6 − 2	13 − 4	4 − 0	10 − 5
5 − 3	7 − 5	2 − 1	6 − 6	8 − 4	7 − 2	14 − 7	8 − 1	11 − 6	3 − 3
1 − 1	11 − 9	10 − 4	9 − 2	14 − 6	17 − 8	6 − 0	10 − 6	4 − 1	9 − 5
7 − 7	14 − 8	12 − 9	9 − 8	12 − 7	12 − 3	16 − 8	9 − 1	15 − 6	11 − 4
8 − 6	15 − 9	11 − 8	3 − 2	4 − 4	8 − 2	11 − 5	5 − 0	17 − 9	6 − 1
5 − 5	4 − 3	8 − 7	7 − 3	7 − 6	5 − 1	10 − 3	12 − 6	10 − 1	6 − 4
2 − 2	13 − 6	15 − 8	2 − 0	13 − 9	16 − 7	5 − 2	12 − 4	3 − 0	11 − 7
8 − 0	9 − 4	10 − 2	6 − 5	8 − 3	9 − 0	5 − 4	12 − 5	4 − 2	9 − 3
9 − 9	15 − 7	8 − 8	14 − 9	9 − 7	13 − 5	1 − 0	8 − 5	9 − 6	11 − 2

Saxon Math 5/4—Homeschool

FACTS PRACTICE TEST

B   **100 Subtraction Facts**
For use with Lesson 26

Name _____

Time _____

Subtract.

7 − 0	10 − 8	6 − 3	14 − 5	3 − 1	16 − 9	7 − 1	18 − 9	11 − 3	13 − 7
13 − 8	7 − 4	10 − 7	0 − 0	12 − 8	10 − 9	6 − 2	13 − 4	4 − 0	10 − 5
5 − 3	7 − 5	2 − 1	6 − 6	8 − 4	7 − 2	14 − 7	8 − 1	11 − 6	3 − 3
1 − 1	11 − 9	10 − 4	9 − 2	14 − 6	17 − 8	6 − 0	10 − 6	4 − 1	9 − 5
7 − 7	14 − 8	12 − 9	9 − 8	12 − 7	12 − 3	16 − 8	9 − 1	15 − 6	11 − 4
8 − 6	15 − 9	11 − 8	3 − 2	4 − 4	8 − 2	11 − 5	5 − 0	17 − 9	6 − 1
5 − 5	4 − 3	8 − 7	7 − 3	7 − 6	5 − 1	10 − 3	12 − 6	10 − 1	6 − 4
2 − 2	13 − 6	15 − 8	2 − 0	13 − 9	16 − 7	5 − 2	12 − 4	3 − 0	11 − 7
8 − 0	9 − 4	10 − 2	6 − 5	8 − 3	9 − 0	5 − 4	12 − 5	4 − 2	9 − 3
9 − 9	15 − 7	8 − 8	14 − 9	9 − 7	13 − 5	1 − 0	8 − 5	9 − 6	11 − 2

Saxon Math 5/4—Homeschool

FACTS PRACTICE TEST

B   **100 Subtraction Facts**
For use with Lesson 27

Name _____
Time _____

Subtract.

7 − 0	10 − 8	6 − 3	14 − 5	3 − 1	16 − 9	7 − 1	18 − 9	11 − 3	13 − 7
13 − 8	7 − 4	10 − 7	0 − 0	12 − 8	10 − 9	6 − 2	13 − 4	4 − 0	10 − 5
5 − 3	7 − 5	2 − 1	6 − 6	8 − 4	7 − 2	14 − 7	8 − 1	11 − 6	3 − 3
1 − 1	11 − 9	10 − 4	9 − 2	14 − 6	17 − 8	6 − 0	10 − 6	4 − 1	9 − 5
7 − 7	14 − 8	12 − 9	9 − 8	12 − 7	12 − 3	16 − 8	9 − 1	15 − 6	11 − 4
8 − 6	15 − 9	11 − 8	3 − 2	4 − 4	8 − 2	11 − 5	5 − 0	17 − 9	6 − 1
5 − 5	4 − 3	8 − 7	7 − 3	7 − 6	5 − 1	10 − 3	12 − 6	10 − 1	6 − 4
2 − 2	13 − 6	15 − 8	2 − 0	13 − 9	16 − 7	5 − 2	12 − 4	3 − 0	11 − 7
8 − 0	9 − 4	10 − 2	6 − 5	8 − 3	9 − 0	5 − 4	12 − 5	4 − 2	9 − 3
9 − 9	15 − 7	8 − 8	14 − 9	9 − 7	13 − 5	1 − 0	8 − 5	9 − 6	11 − 2

Saxon Math 5/4—Homeschool

FACTS PRACTICE TEST

A — **100 Addition Facts**
For use with Lesson 28

Name _____
Time _____

Add.

4 + 4	7 + 5	0 + 1	8 + 7	3 + 4	3 + 2	8 + 3	2 + 1	5 + 6	2 + 9
0 + 9	8 + 9	7 + 6	1 + 3	6 + 8	7 + 3	1 + 6	4 + 7	0 + 3	6 + 4
9 + 3	2 + 6	3 + 0	6 + 1	3 + 6	4 + 0	5 + 7	1 + 1	5 + 4	2 + 8
4 + 3	9 + 9	0 + 7	9 + 4	7 + 7	8 + 6	0 + 4	5 + 8	7 + 4	1 + 7
9 + 5	1 + 5	9 + 0	3 + 8	1 + 9	9 + 1	8 + 8	2 + 2	4 + 5	6 + 2
7 + 9	1 + 2	6 + 7	0 + 8	9 + 2	4 + 8	8 + 0	3 + 9	1 + 0	6 + 3
2 + 0	8 + 4	3 + 5	9 + 8	5 + 0	5 + 5	3 + 1	7 + 2	8 + 5	2 + 5
5 + 2	0 + 5	6 + 9	1 + 8	9 + 6	7 + 1	4 + 6	0 + 2	6 + 5	4 + 9
1 + 4	3 + 7	7 + 0	2 + 3	5 + 1	6 + 6	4 + 1	8 + 2	2 + 4	6 + 0
5 + 3	4 + 2	9 + 7	0 + 6	7 + 8	0 + 0	5 + 9	3 + 3	8 + 1	2 + 7

Saxon Math 5/4—Homeschool

© Saxon Publishers, Inc., and Stephen Hake. Reproduction prohibited.

FACTS PRACTICE TEST

B — **100 Subtraction Facts**
For use with Lesson 29

Name _____
Time _____

Subtract.

7 − 0	10 − 8	6 − 3	14 − 5	3 − 1	16 − 9	7 − 1	18 − 9	11 − 3	13 − 7
13 − 8	7 − 4	10 − 7	0 − 0	12 − 8	10 − 9	6 − 2	13 − 4	4 − 0	10 − 5
5 − 3	7 − 5	2 − 1	6 − 6	8 − 4	7 − 2	14 − 7	8 − 1	11 − 6	3 − 3
1 − 1	11 − 9	10 − 4	9 − 2	14 − 6	17 − 8	6 − 0	10 − 6	4 − 1	9 − 5
7 − 7	14 − 8	12 − 9	9 − 8	12 − 7	12 − 3	16 − 8	9 − 1	15 − 6	11 − 4
8 − 6	15 − 9	11 − 8	3 − 2	4 − 4	8 − 2	11 − 5	5 − 0	17 − 9	6 − 1
5 − 5	4 − 3	8 − 7	7 − 3	7 − 6	5 − 1	10 − 3	12 − 6	10 − 1	6 − 4
2 − 2	13 − 6	15 − 8	2 − 0	13 − 9	16 − 7	5 − 2	12 − 4	3 − 0	11 − 7
8 − 0	9 − 4	10 − 2	6 − 5	8 − 3	9 − 0	5 − 4	12 − 5	4 − 2	9 − 3
9 − 9	15 − 7	8 − 8	14 − 9	9 − 7	13 − 5	1 − 0	8 − 5	9 − 6	11 − 2

Saxon Math 5/4—Homeschool

FACTS PRACTICE TEST

C — Multiplication Facts: 0's, 1's, 2's, 5's
For use with Lesson 29

Name _____

Time _____

Multiply.

0 × 8	3 × 2	5 × 1	4 × 5	2 × 0	1 × 8	7 × 2	1 × 1
5 × 2	4 × 0	2 × 8	1 × 3	7 × 5	7 × 0	8 × 5	0 × 5
8 × 1	6 × 5	9 × 0	2 × 6	0 × 1	4 × 2	1 × 6	9 × 2
6 × 0	3 × 5	5 × 7	4 × 1	2 × 2	8 × 0	5 × 9	1 × 2
5 × 5	1 × 7	0 × 0	8 × 2	5 × 8	5 × 6	3 × 0	9 × 1
5 × 3	0 × 4	6 × 1	9 × 5	5 × 0	7 × 1	2 × 5	0 × 9
2 × 1	6 × 2	0 × 7	2 × 3	1 × 4	2 × 9	1 × 0	5 × 4
0 × 2	1 × 9	3 × 1	2 × 7	0 × 3	1 × 5	2 × 4	0 × 6

Saxon Math 5/4—Homeschool

FACTS PRACTICE TEST

B **100 Subtraction Facts**
For use with Lesson 30

Name _____
Time _____

Subtract.

7 − 0	10 − 8	6 − 3	14 − 5	3 − 1	16 − 9	7 − 1	18 − 9	11 − 3	13 − 7
13 − 8	7 − 4	10 − 7	0 − 0	12 − 8	10 − 9	6 − 2	13 − 4	4 − 0	10 − 5
5 − 3	7 − 5	2 − 1	6 − 6	8 − 4	7 − 2	14 − 7	8 − 1	11 − 6	3 − 3
1 − 1	11 − 9	10 − 4	9 − 2	14 − 6	17 − 8	6 − 0	10 − 6	4 − 1	9 − 5
7 − 7	14 − 8	12 − 9	9 − 8	12 − 7	12 − 3	16 − 8	9 − 1	15 − 6	11 − 4
8 − 6	15 − 9	11 − 8	3 − 2	4 − 4	8 − 2	11 − 5	5 − 0	17 − 9	6 − 1
5 − 5	4 − 3	8 − 7	7 − 3	7 − 6	5 − 1	10 − 3	12 − 6	10 − 1	6 − 4
2 − 2	13 − 6	15 − 8	2 − 0	13 − 9	16 − 7	5 − 2	12 − 4	3 − 0	11 − 7
8 − 0	9 − 4	10 − 2	6 − 5	8 − 3	9 − 0	5 − 4	12 − 5	4 − 2	9 − 3
9 − 9	15 − 7	8 − 8	14 − 9	9 − 7	13 − 5	1 − 0	8 − 5	9 − 6	11 − 2

Saxon Math 5/4—Homeschool

FACTS PRACTICE TEST

B **100 Subtraction Facts**
For use with Test 5

Name _____
Time _____

Subtract.

7 − 0	10 − 8	6 − 3	14 − 5	3 − 1	16 − 9	7 − 1	18 − 9	11 − 3	13 − 7
13 − 8	7 − 4	10 − 7	0 − 0	12 − 8	10 − 9	6 − 2	13 − 4	4 − 0	10 − 5
5 − 3	7 − 5	2 − 1	6 − 6	8 − 4	7 − 2	14 − 7	8 − 1	11 − 6	3 − 3
1 − 1	11 − 9	10 − 4	9 − 2	14 − 6	17 − 8	6 − 0	10 − 6	4 − 1	9 − 5
7 − 7	14 − 8	12 − 9	9 − 8	12 − 7	12 − 3	16 − 8	9 − 1	15 − 6	11 − 4
8 − 6	15 − 9	11 − 8	3 − 2	4 − 4	8 − 2	11 − 5	5 − 0	17 − 9	6 − 1
5 − 5	4 − 3	8 − 7	7 − 3	7 − 6	5 − 1	10 − 3	12 − 6	10 − 1	6 − 4
2 − 2	13 − 6	15 − 8	2 − 0	13 − 9	16 − 7	5 − 2	12 − 4	3 − 0	11 − 7
8 − 0	9 − 4	10 − 2	6 − 5	8 − 3	9 − 0	5 − 4	12 − 5	4 − 2	9 − 3
9 − 9	15 − 7	8 − 8	14 − 9	9 − 7	13 − 5	1 − 0	8 − 5	9 − 6	11 − 2

ACTIVITY SHEET

14 | 1-Centimeter Grid
For use with Investigation 3

Name _____

ACTIVITY SHEET

15   1-Centimeter Grid
For use with Investigation 3

Name _____

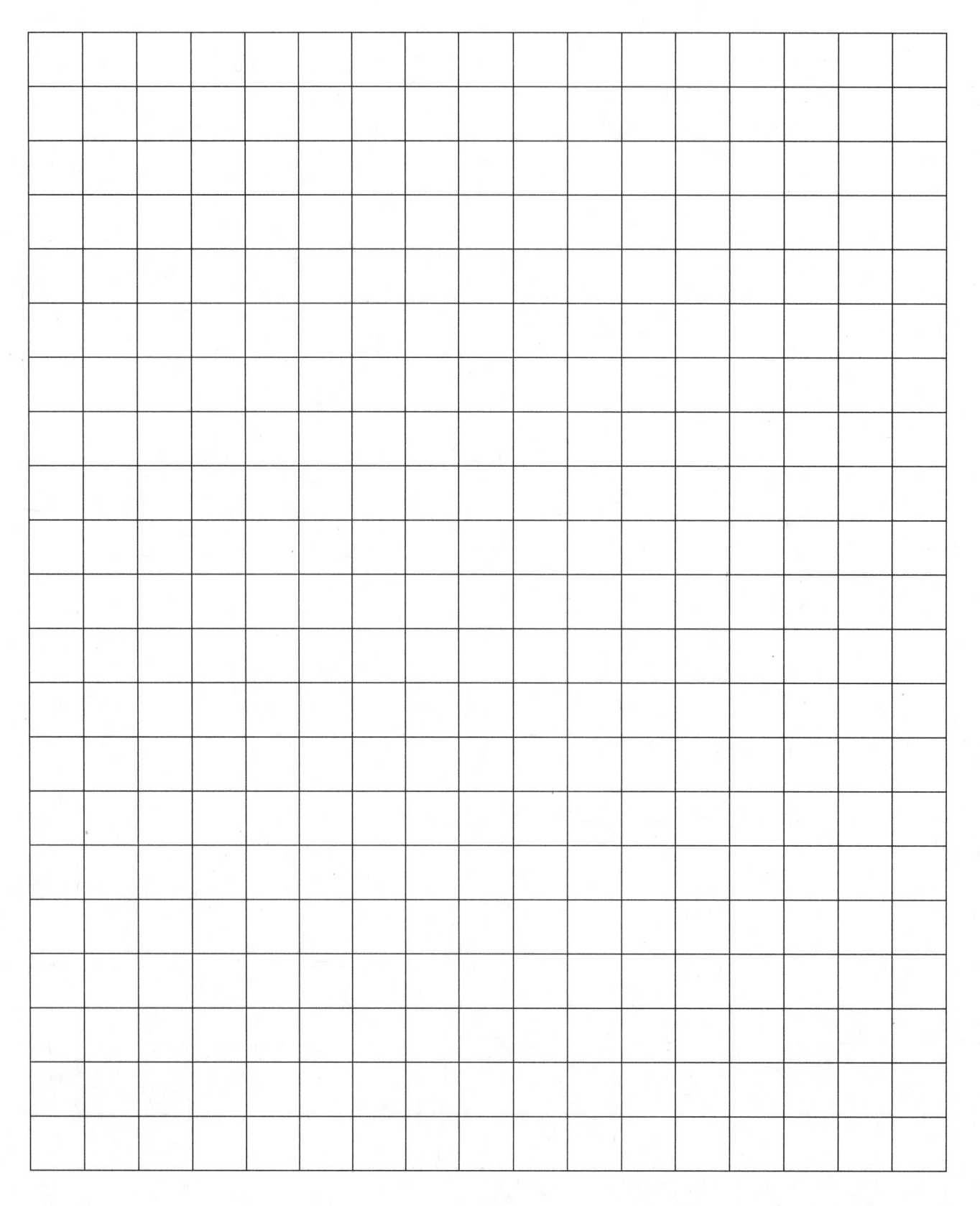

FACTS PRACTICE TEST

B **100 Subtraction Facts**
For use with Lesson 31

Name _____
Time _____

Subtract.

7 − 0	10 − 8	6 − 3	14 − 5	3 − 1	16 − 9	7 − 1	18 − 9	11 − 3	13 − 7
13 − 8	7 − 4	10 − 7	0 − 0	12 − 8	10 − 9	6 − 2	13 − 4	4 − 0	10 − 5
5 − 3	7 − 5	2 − 1	6 − 6	8 − 4	7 − 2	14 − 7	8 − 1	11 − 6	3 − 3
1 − 1	11 − 9	10 − 4	9 − 2	14 − 6	17 − 8	6 − 0	10 − 6	4 − 1	9 − 5
7 − 7	14 − 8	12 − 9	9 − 8	12 − 7	12 − 3	16 − 8	9 − 1	15 − 6	11 − 4
8 − 6	15 − 9	11 − 8	3 − 2	4 − 4	8 − 2	11 − 5	5 − 0	17 − 9	6 − 1
5 − 5	4 − 3	8 − 7	7 − 3	7 − 6	5 − 1	10 − 3	12 − 6	10 − 1	6 − 4
2 − 2	13 − 6	15 − 8	2 − 0	13 − 9	16 − 7	5 − 2	12 − 4	3 − 0	11 − 7
8 − 0	9 − 4	10 − 2	6 − 5	8 − 3	9 − 0	5 − 4	12 − 5	4 − 2	9 − 3
9 − 9	15 − 7	8 − 8	14 − 9	9 − 7	13 − 5	1 − 0	8 − 5	9 − 6	11 − 2

Saxon Math 5/4—Homeschool

FACTS PRACTICE TEST

B **100 Subtraction Facts**
For use with Lesson 32

Name _____
Time _____

Subtract.

7 − 0	10 − 8	6 − 3	14 − 5	3 − 1	16 − 9	7 − 1	18 − 9	11 − 3	13 − 7
13 − 8	7 − 4	10 − 7	0 − 0	12 − 8	10 − 9	6 − 2	13 − 4	4 − 0	10 − 5
5 − 3	7 − 5	2 − 1	6 − 6	8 − 4	7 − 2	14 − 7	8 − 1	11 − 6	3 − 3
1 − 1	11 − 9	10 − 4	9 − 2	14 − 6	17 − 8	6 − 0	10 − 6	4 − 1	9 − 5
7 − 7	14 − 8	12 − 9	9 − 8	12 − 7	12 − 3	16 − 8	9 − 1	15 − 6	11 − 4
8 − 6	15 − 9	11 − 8	3 − 2	4 − 4	8 − 2	11 − 5	5 − 0	17 − 9	6 − 1
5 − 5	4 − 3	8 − 7	7 − 3	7 − 6	5 − 1	10 − 3	12 − 6	10 − 1	6 − 4
2 − 2	13 − 6	15 − 8	2 − 0	13 − 9	16 − 7	5 − 2	12 − 4	3 − 0	11 − 7
8 − 0	9 − 4	10 − 2	6 − 5	8 − 3	9 − 0	5 − 4	12 − 5	4 − 2	9 − 3
9 − 9	15 − 7	8 − 8	14 − 9	9 − 7	13 − 5	1 − 0	8 − 5	9 − 6	11 − 2

FACTS PRACTICE TEST

C **Multiplication Facts:** 0's, 1's, 2's, 5's
For use with Lesson 33

Name _____

Time _____

Multiply.

$\begin{array}{r}0\\ \times\,8\\ \hline\end{array}$	$\begin{array}{r}3\\ \times\,2\\ \hline\end{array}$	$\begin{array}{r}5\\ \times\,1\\ \hline\end{array}$	$\begin{array}{r}4\\ \times\,5\\ \hline\end{array}$	$\begin{array}{r}2\\ \times\,0\\ \hline\end{array}$	$\begin{array}{r}1\\ \times\,8\\ \hline\end{array}$	$\begin{array}{r}7\\ \times\,2\\ \hline\end{array}$	$\begin{array}{r}1\\ \times\,1\\ \hline\end{array}$
$\begin{array}{r}5\\ \times\,2\\ \hline\end{array}$	$\begin{array}{r}4\\ \times\,0\\ \hline\end{array}$	$\begin{array}{r}2\\ \times\,8\\ \hline\end{array}$	$\begin{array}{r}1\\ \times\,3\\ \hline\end{array}$	$\begin{array}{r}7\\ \times\,5\\ \hline\end{array}$	$\begin{array}{r}7\\ \times\,0\\ \hline\end{array}$	$\begin{array}{r}8\\ \times\,5\\ \hline\end{array}$	$\begin{array}{r}0\\ \times\,5\\ \hline\end{array}$
$\begin{array}{r}8\\ \times\,1\\ \hline\end{array}$	$\begin{array}{r}6\\ \times\,5\\ \hline\end{array}$	$\begin{array}{r}9\\ \times\,0\\ \hline\end{array}$	$\begin{array}{r}2\\ \times\,6\\ \hline\end{array}$	$\begin{array}{r}0\\ \times\,1\\ \hline\end{array}$	$\begin{array}{r}4\\ \times\,2\\ \hline\end{array}$	$\begin{array}{r}1\\ \times\,6\\ \hline\end{array}$	$\begin{array}{r}9\\ \times\,2\\ \hline\end{array}$
$\begin{array}{r}6\\ \times\,0\\ \hline\end{array}$	$\begin{array}{r}3\\ \times\,5\\ \hline\end{array}$	$\begin{array}{r}5\\ \times\,7\\ \hline\end{array}$	$\begin{array}{r}4\\ \times\,1\\ \hline\end{array}$	$\begin{array}{r}2\\ \times\,2\\ \hline\end{array}$	$\begin{array}{r}8\\ \times\,0\\ \hline\end{array}$	$\begin{array}{r}5\\ \times\,9\\ \hline\end{array}$	$\begin{array}{r}1\\ \times\,2\\ \hline\end{array}$
$\begin{array}{r}5\\ \times\,5\\ \hline\end{array}$	$\begin{array}{r}1\\ \times\,7\\ \hline\end{array}$	$\begin{array}{r}0\\ \times\,0\\ \hline\end{array}$	$\begin{array}{r}8\\ \times\,2\\ \hline\end{array}$	$\begin{array}{r}5\\ \times\,8\\ \hline\end{array}$	$\begin{array}{r}5\\ \times\,6\\ \hline\end{array}$	$\begin{array}{r}3\\ \times\,0\\ \hline\end{array}$	$\begin{array}{r}9\\ \times\,1\\ \hline\end{array}$
$\begin{array}{r}5\\ \times\,3\\ \hline\end{array}$	$\begin{array}{r}0\\ \times\,4\\ \hline\end{array}$	$\begin{array}{r}6\\ \times\,1\\ \hline\end{array}$	$\begin{array}{r}9\\ \times\,5\\ \hline\end{array}$	$\begin{array}{r}5\\ \times\,0\\ \hline\end{array}$	$\begin{array}{r}7\\ \times\,1\\ \hline\end{array}$	$\begin{array}{r}2\\ \times\,5\\ \hline\end{array}$	$\begin{array}{r}0\\ \times\,9\\ \hline\end{array}$
$\begin{array}{r}2\\ \times\,1\\ \hline\end{array}$	$\begin{array}{r}6\\ \times\,2\\ \hline\end{array}$	$\begin{array}{r}0\\ \times\,7\\ \hline\end{array}$	$\begin{array}{r}2\\ \times\,3\\ \hline\end{array}$	$\begin{array}{r}1\\ \times\,4\\ \hline\end{array}$	$\begin{array}{r}2\\ \times\,9\\ \hline\end{array}$	$\begin{array}{r}1\\ \times\,0\\ \hline\end{array}$	$\begin{array}{r}5\\ \times\,4\\ \hline\end{array}$
$\begin{array}{r}0\\ \times\,2\\ \hline\end{array}$	$\begin{array}{r}1\\ \times\,9\\ \hline\end{array}$	$\begin{array}{r}3\\ \times\,1\\ \hline\end{array}$	$\begin{array}{r}2\\ \times\,7\\ \hline\end{array}$	$\begin{array}{r}0\\ \times\,3\\ \hline\end{array}$	$\begin{array}{r}1\\ \times\,5\\ \hline\end{array}$	$\begin{array}{r}2\\ \times\,4\\ \hline\end{array}$	$\begin{array}{r}0\\ \times\,6\\ \hline\end{array}$

Saxon Math 5/4—Homeschool

ACTIVITY SHEET

16 | **1-Centimeter Grid**
For use with Lesson 33, Mixed Practice

Name _____

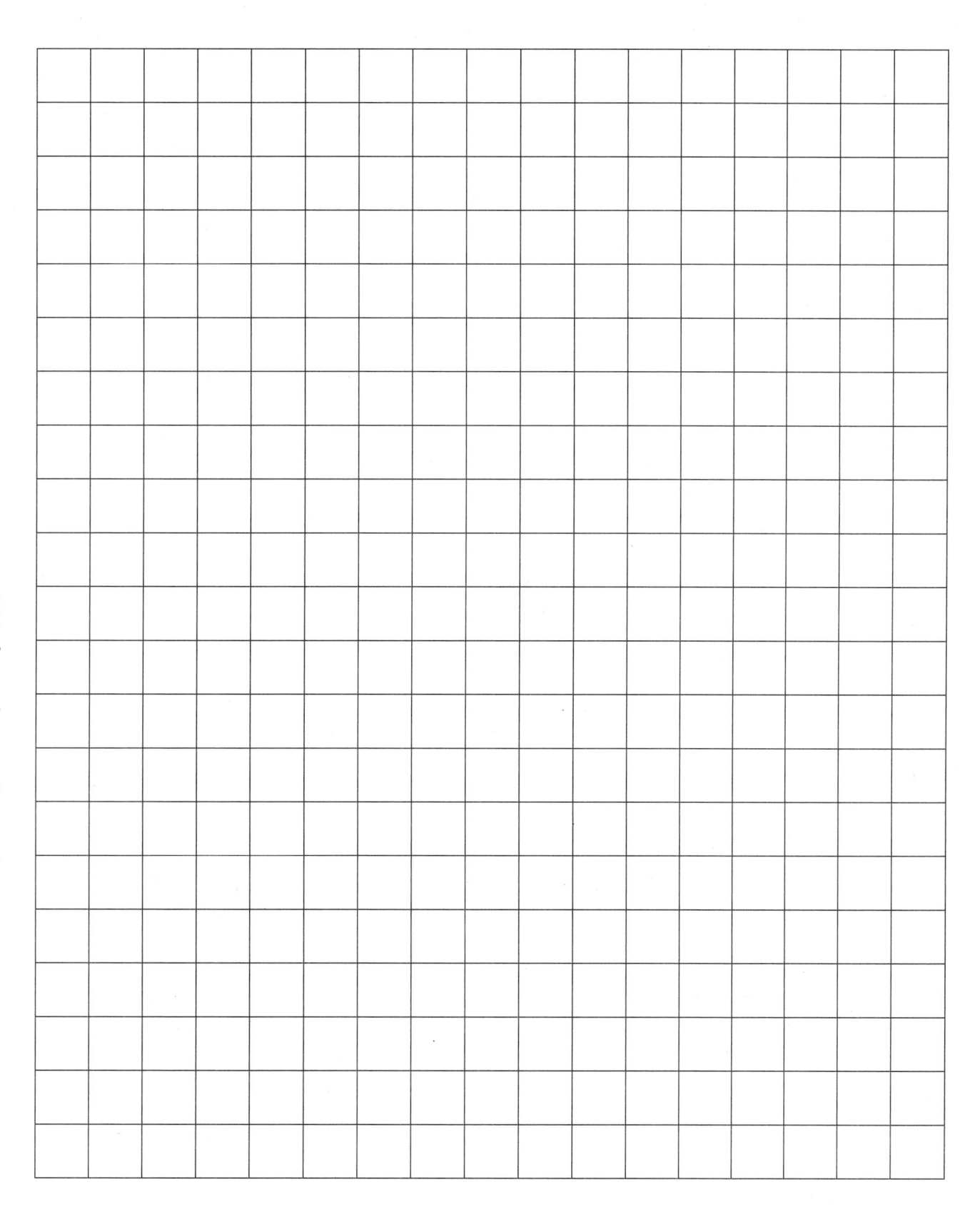

Saxon Math 5/4—Homeschool

83

FACTS PRACTICE TEST

A **100 Addition Facts**
For use with Lesson 34

Name _____
Time _____

Add.

4 + 4	7 + 5	0 + 1	8 + 7	3 + 4	3 + 2	8 + 3	2 + 1	5 + 6	2 + 9
0 + 9	8 + 9	7 + 6	1 + 3	6 + 8	7 + 3	1 + 6	4 + 7	0 + 3	6 + 4
9 + 3	2 + 6	3 + 0	6 + 1	3 + 6	4 + 0	5 + 7	1 + 1	5 + 4	2 + 8
4 + 3	9 + 9	0 + 7	9 + 4	7 + 7	8 + 6	0 + 4	5 + 8	7 + 4	1 + 7
9 + 5	1 + 5	9 + 0	3 + 8	1 + 9	9 + 1	8 + 8	2 + 2	4 + 5	6 + 2
7 + 9	1 + 2	6 + 7	0 + 8	9 + 2	4 + 8	8 + 0	3 + 9	1 + 0	6 + 3
2 + 0	8 + 4	3 + 5	9 + 8	5 + 0	5 + 5	3 + 1	7 + 2	8 + 5	2 + 5
5 + 2	0 + 5	6 + 9	1 + 8	9 + 6	7 + 1	4 + 6	0 + 2	6 + 5	4 + 9
1 + 4	3 + 7	7 + 0	2 + 3	5 + 1	6 + 6	4 + 1	8 + 2	2 + 4	6 + 0
5 + 3	4 + 2	9 + 7	0 + 6	7 + 8	0 + 0	5 + 9	3 + 3	8 + 1	2 + 7

Saxon Math 5/4—Homeschool

ACTIVITY SHEET

17 | 1-Centimeter Grid
For use with Lesson 34, Mixed Practice

Name _____

Saxon Math 5/4—Homeschool 87

FACTS PRACTICE TEST

C — Multiplication Facts: 0's, 1's, 2's, 5's
For use with Lesson 35

Name _____

Time _____

Multiply.

0 × 8	3 × 2	5 × 1	4 × 5	2 × 0	1 × 8	7 × 2	1 × 1
5 × 2	4 × 0	2 × 8	1 × 3	7 × 5	7 × 0	8 × 5	0 × 5
8 × 1	6 × 5	9 × 0	2 × 6	0 × 1	4 × 2	1 × 6	9 × 2
6 × 0	3 × 5	5 × 7	4 × 1	2 × 2	8 × 0	5 × 9	1 × 2
5 × 5	1 × 7	0 × 0	8 × 2	5 × 8	5 × 6	3 × 0	9 × 1
5 × 3	0 × 4	6 × 1	9 × 5	5 × 0	7 × 1	2 × 5	0 × 9
2 × 1	6 × 2	0 × 7	2 × 3	1 × 4	2 × 9	1 × 0	5 × 4
0 × 2	1 × 9	3 × 1	2 × 7	0 × 3	1 × 5	2 × 4	0 × 6

Saxon Math 5/4 — Homeschool

FACTS PRACTICE TEST

B 100 Subtraction Facts
For use with Test 6

Name _____
Time _____

Subtract.

7 − 0	10 − 8	6 − 3	14 − 5	3 − 1	16 − 9	7 − 1	18 − 9	11 − 3	13 − 7
13 − 8	7 − 4	10 − 7	0 − 0	12 − 8	10 − 9	6 − 2	13 − 4	4 − 0	10 − 5
5 − 3	7 − 5	2 − 1	6 − 6	8 − 4	7 − 2	14 − 7	8 − 1	11 − 6	3 − 3
1 − 1	11 − 9	10 − 4	9 − 2	14 − 6	17 − 8	6 − 0	10 − 6	4 − 1	9 − 5
7 − 7	14 − 8	12 − 9	9 − 8	12 − 7	12 − 3	16 − 8	9 − 1	15 − 6	11 − 4
8 − 6	15 − 9	11 − 8	3 − 2	4 − 4	8 − 2	11 − 5	5 − 0	17 − 9	6 − 1
5 − 5	4 − 3	8 − 7	7 − 3	7 − 6	5 − 1	10 − 3	12 − 6	10 − 1	6 − 4
2 − 2	13 − 6	15 − 8	2 − 0	13 − 9	16 − 7	5 − 2	12 − 4	3 − 0	11 − 7
8 − 0	9 − 4	10 − 2	6 − 5	8 − 3	9 − 0	5 − 4	12 − 5	4 − 2	9 − 3
9 − 9	15 − 7	8 − 8	14 − 9	9 − 7	13 − 5	1 − 0	8 − 5	9 − 6	11 − 2

90 Saxon Math 5/4—Homeschool

FACTS PRACTICE TEST

C **Multiplication Facts:** 0's, 1's, 2's, 5's
For use with Lesson 36

Name _____
Time _____

Multiply.

0 × 8	3 × 2	5 × 1	4 × 5	2 × 0	1 × 8	7 × 2	1 × 1
5 × 2	4 × 0	2 × 8	1 × 3	7 × 5	7 × 0	8 × 5	0 × 5
8 × 1	6 × 5	9 × 0	2 × 6	0 × 1	4 × 2	1 × 6	9 × 2
6 × 0	3 × 5	5 × 7	4 × 1	2 × 2	8 × 0	5 × 9	1 × 2
5 × 5	1 × 7	0 × 0	8 × 2	5 × 8	5 × 6	3 × 0	9 × 1
5 × 3	0 × 4	6 × 1	9 × 5	5 × 0	7 × 1	2 × 5	0 × 9
2 × 1	6 × 2	0 × 7	2 × 3	1 × 4	2 × 9	1 × 0	5 × 4
0 × 2	1 × 9	3 × 1	2 × 7	0 × 3	1 × 5	2 × 4	0 × 6

Saxon Math 5/4—Homeschool

FACTS PRACTICE TEST

D — **Multiplication Facts: 2's, 5's, Squares**
For use with Lesson 37

Name _____
Time _____

Multiply.

3 × 5	6 × 2	7 × 7	2 × 0	7 × 5	5 × 8	4 × 2
9 × 5	2 × 3	4 × 4	1 × 5	6 × 6	1 × 2	5 × 5
2 × 7	5 × 4	8 × 8	2 × 5	3 × 3	0 × 5	8 × 2
6 × 5	0 × 2	5 × 3	2 × 8	8 × 5	2 × 6	5 × 1
3 × 2	2 × 9	5 × 7	2 × 4	5 × 6	9 × 9	2 × 2
4 × 5	7 × 2	5 × 0	2 × 1	5 × 9	9 × 2	5 × 2

Saxon Math 5/4 — Homeschool

FACTS PRACTICE TEST

D **Multiplication Facts: 2's, 5's, Squares**
For use with Lesson 38

Name _____
Time _____

Multiply.

$\begin{array}{r} 3 \\ \times\, 5 \\ \hline \end{array}$	$\begin{array}{r} 6 \\ \times\, 2 \\ \hline \end{array}$	$\begin{array}{r} 7 \\ \times\, 7 \\ \hline \end{array}$	$\begin{array}{r} 2 \\ \times\, 0 \\ \hline \end{array}$	$\begin{array}{r} 7 \\ \times\, 5 \\ \hline \end{array}$	$\begin{array}{r} 5 \\ \times\, 8 \\ \hline \end{array}$	$\begin{array}{r} 4 \\ \times\, 2 \\ \hline \end{array}$
$\begin{array}{r} 9 \\ \times\, 5 \\ \hline \end{array}$	$\begin{array}{r} 2 \\ \times\, 3 \\ \hline \end{array}$	$\begin{array}{r} 4 \\ \times\, 4 \\ \hline \end{array}$	$\begin{array}{r} 1 \\ \times\, 5 \\ \hline \end{array}$	$\begin{array}{r} 6 \\ \times\, 6 \\ \hline \end{array}$	$\begin{array}{r} 1 \\ \times\, 2 \\ \hline \end{array}$	$\begin{array}{r} 5 \\ \times\, 5 \\ \hline \end{array}$
$\begin{array}{r} 2 \\ \times\, 7 \\ \hline \end{array}$	$\begin{array}{r} 5 \\ \times\, 4 \\ \hline \end{array}$	$\begin{array}{r} 8 \\ \times\, 8 \\ \hline \end{array}$	$\begin{array}{r} 2 \\ \times\, 5 \\ \hline \end{array}$	$\begin{array}{r} 3 \\ \times\, 3 \\ \hline \end{array}$	$\begin{array}{r} 0 \\ \times\, 5 \\ \hline \end{array}$	$\begin{array}{r} 8 \\ \times\, 2 \\ \hline \end{array}$
$\begin{array}{r} 6 \\ \times\, 5 \\ \hline \end{array}$	$\begin{array}{r} 0 \\ \times\, 2 \\ \hline \end{array}$	$\begin{array}{r} 5 \\ \times\, 3 \\ \hline \end{array}$	$\begin{array}{r} 2 \\ \times\, 8 \\ \hline \end{array}$	$\begin{array}{r} 8 \\ \times\, 5 \\ \hline \end{array}$	$\begin{array}{r} 2 \\ \times\, 6 \\ \hline \end{array}$	$\begin{array}{r} 5 \\ \times\, 1 \\ \hline \end{array}$
$\begin{array}{r} 3 \\ \times\, 2 \\ \hline \end{array}$	$\begin{array}{r} 2 \\ \times\, 9 \\ \hline \end{array}$	$\begin{array}{r} 5 \\ \times\, 7 \\ \hline \end{array}$	$\begin{array}{r} 2 \\ \times\, 4 \\ \hline \end{array}$	$\begin{array}{r} 5 \\ \times\, 6 \\ \hline \end{array}$	$\begin{array}{r} 9 \\ \times\, 9 \\ \hline \end{array}$	$\begin{array}{r} 2 \\ \times\, 2 \\ \hline \end{array}$
$\begin{array}{r} 4 \\ \times\, 5 \\ \hline \end{array}$	$\begin{array}{r} 7 \\ \times\, 2 \\ \hline \end{array}$	$\begin{array}{r} 5 \\ \times\, 0 \\ \hline \end{array}$	$\begin{array}{r} 2 \\ \times\, 1 \\ \hline \end{array}$	$\begin{array}{r} 5 \\ \times\, 9 \\ \hline \end{array}$	$\begin{array}{r} 9 \\ \times\, 2 \\ \hline \end{array}$	$\begin{array}{r} 5 \\ \times\, 2 \\ \hline \end{array}$

Saxon Math 5/4—Homeschool

FACTS PRACTICE TEST

F | **Multiplication Facts: Memory Group**
For use with Lesson 38

Name _____

Time _____

Multiply.

6 × 4	7 × 6	8 × 7	8 × 3
4 × 8	4 × 3	3 × 7	7 × 4
3 × 6	8 × 6	4 × 6	7 × 8
6 × 8	3 × 8	8 × 4	3 × 4
7 × 3	4 × 7	6 × 3	6 × 7

ACTIVITY SHEET

18   1-Centimeter Grid
For use with Lesson 38, Mixed Practice

Name _____

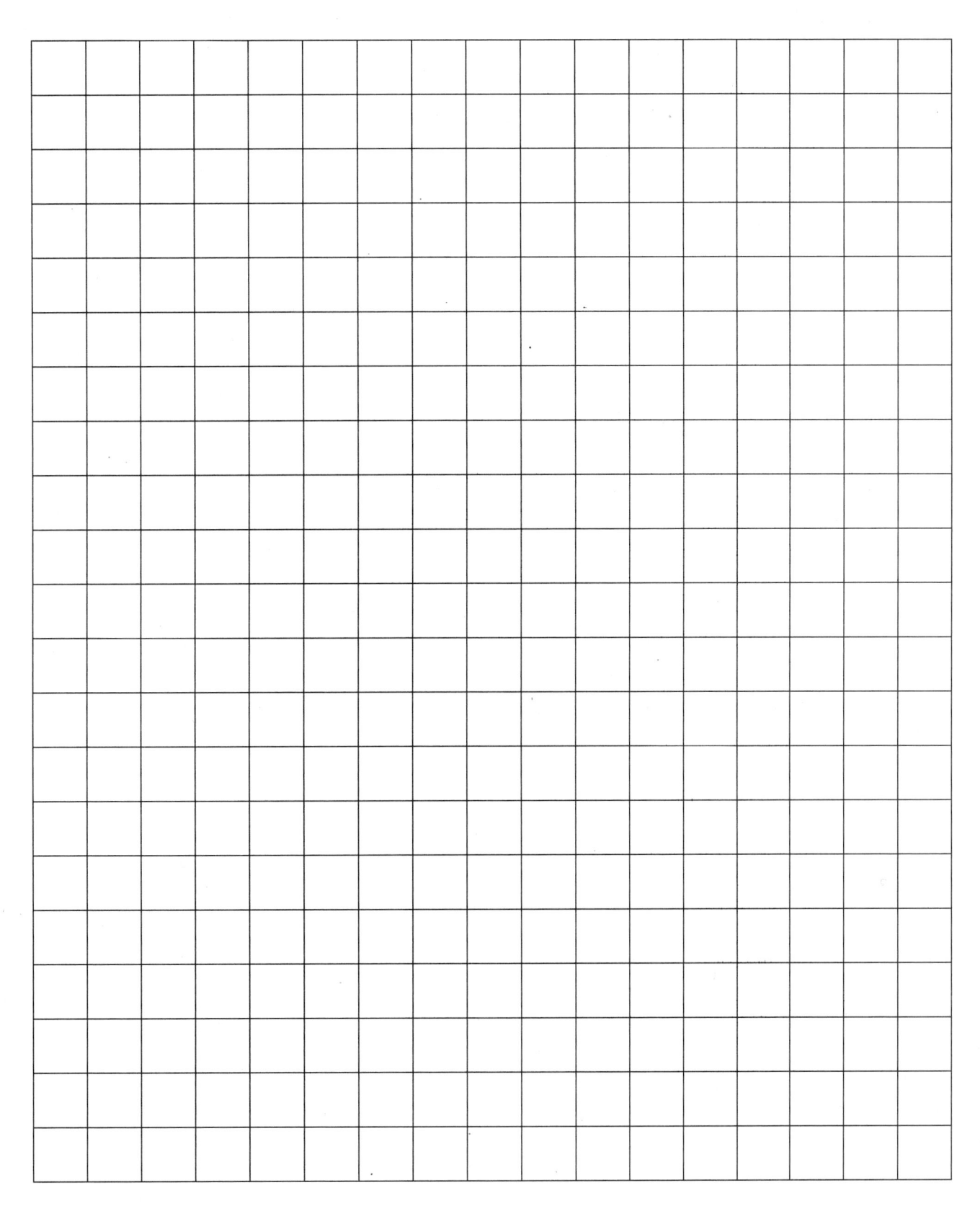

Saxon Math 5/4—Homeschool

FACTS PRACTICE TEST

E **Multiplication Facts:
2's, 5's, 9's, Squares**
For use with Lesson 39

Name _____

Time _____

Multiply.

9 × 9	2 × 6	3 × 5	2 × 2	8 × 2	7 × 9	2 × 3	5 × 6
4 × 5	0 × 9	9 × 8	5 × 2	6 × 9	7 × 5	9 × 3	0 × 5
6 × 6	5 × 9	5 × 8	9 × 7	2 × 0	8 × 8	7 × 2	5 × 5
4 × 2	1 × 9	3 × 3	2 × 8	4 × 9	3 × 2	8 × 9	5 × 7
2 × 1	2 × 9	7 × 7	9 × 6	5 × 0	4 × 4	9 × 1	2 × 5
1 × 5	9 × 5	2 × 7	5 × 4	9 × 2	5 × 3	0 × 2	8 × 5
3 × 9	2 × 4	6 × 5	1 × 2	9 × 0	6 × 2	9 × 4	5 × 1

Saxon Math 5/4—Homeschool

FACTS PRACTICE TEST

D — Multiplication Facts: 2's, 5's, Squares
For use with Lesson 40

Name _____

Time _____

Multiply.

3 × 5	6 × 2	7 × 7	2 × 0	7 × 5	5 × 8	4 × 2
9 × 5	2 × 3	4 × 4	1 × 5	6 × 6	1 × 2	5 × 5
2 × 7	5 × 4	8 × 8	2 × 5	3 × 3	0 × 5	8 × 2
6 × 5	0 × 2	5 × 3	2 × 8	8 × 5	2 × 6	5 × 1
3 × 2	2 × 9	5 × 7	2 × 4	5 × 6	9 × 9	2 × 2
4 × 5	7 × 2	5 × 0	2 × 1	5 × 9	9 × 2	5 × 2

98   *Saxon Math 5/4—Homeschool*

FACTS PRACTICE TEST

B **100 Subtraction Facts**
For use with Test 7

Name _____
Time _____

Subtract.

7 − 0	10 − 8	6 − 3	14 − 5	3 − 1	16 − 9	7 − 1	18 − 9	11 − 3	13 − 7
13 − 8	7 − 4	10 − 7	0 − 0	12 − 8	10 − 9	6 − 2	13 − 4	4 − 0	10 − 5
5 − 3	7 − 5	2 − 1	6 − 6	8 − 4	7 − 2	14 − 7	8 − 1	11 − 6	3 − 3
1 − 1	11 − 9	10 − 4	9 − 2	14 − 6	17 − 8	6 − 0	10 − 6	4 − 1	9 − 5
7 − 7	14 − 8	12 − 9	9 − 8	12 − 7	12 − 3	16 − 8	9 − 1	15 − 6	11 − 4
8 − 6	15 − 9	11 − 8	3 − 2	4 − 4	8 − 2	11 − 5	5 − 0	17 − 9	6 − 1
5 − 5	4 − 3	8 − 7	7 − 3	7 − 6	5 − 1	10 − 3	12 − 6	10 − 1	6 − 4
2 − 2	13 − 6	15 − 8	2 − 0	13 − 9	16 − 7	5 − 2	12 − 4	3 − 0	11 − 7
8 − 0	9 − 4	10 − 2	6 − 5	8 − 3	9 − 0	5 − 4	12 − 5	4 − 2	9 − 3
9 − 9	15 − 7	8 − 8	14 − 9	9 − 7	13 − 5	1 − 0	8 − 5	9 − 6	11 − 2

Saxon Math 5/4—Homeschool

ACTIVITY SHEET

19 | Dimes
For use with Investigation 4

dime	🪙	$\frac{1}{10}$	dime	🪙	$\frac{1}{10}$	dime	🪙	$\frac{1}{10}$
dime	🪙	$\frac{1}{10}$	dime	🪙	$\frac{1}{10}$	dime	🪙	$\frac{1}{10}$
dime	🪙	$\frac{1}{10}$	dime	🪙	$\frac{1}{10}$	dime	🪙	$\frac{1}{10}$
dime	🪙	$\frac{1}{10}$	dime	🪙	$\frac{1}{10}$	dime	🪙	$\frac{1}{10}$
dime	🪙	$\frac{1}{10}$	dime	🪙	$\frac{1}{10}$	dime	🪙	$\frac{1}{10}$
dime	🪙	$\frac{1}{10}$	dime	🪙	$\frac{1}{10}$	dime	🪙	$\frac{1}{10}$
dime	🪙	$\frac{1}{10}$	dime	🪙	$\frac{1}{10}$	dime	🪙	$\frac{1}{10}$

Saxon Math 5/4—Homeschool

ACTIVITY SHEET

20 Pennies
For use with Investigation 4

penny	$\frac{1}{100}$	penny	$\frac{1}{100}$	penny	$\frac{1}{100}$	penny	$\frac{1}{100}$
penny	$\frac{1}{100}$	penny	$\frac{1}{100}$	penny	$\frac{1}{100}$	penny	$\frac{1}{100}$
penny	$\frac{1}{100}$	penny	$\frac{1}{100}$	penny	$\frac{1}{100}$	penny	$\frac{1}{100}$
penny	$\frac{1}{100}$	penny	$\frac{1}{100}$	penny	$\frac{1}{100}$	penny	$\frac{1}{100}$
penny	$\frac{1}{100}$	penny	$\frac{1}{100}$	penny	$\frac{1}{100}$	penny	$\frac{1}{100}$

penny	$\frac{1}{100}$	penny	$\frac{1}{100}$	penny	$\frac{1}{100}$	penny	$\frac{1}{100}$
penny	$\frac{1}{100}$	penny	$\frac{1}{100}$	penny	$\frac{1}{100}$	penny	$\frac{1}{100}$
penny	$\frac{1}{100}$	penny	$\frac{1}{100}$	penny	$\frac{1}{100}$	penny	$\frac{1}{100}$
penny	$\frac{1}{100}$	penny	$\frac{1}{100}$	penny	$\frac{1}{100}$	penny	$\frac{1}{100}$
penny	$\frac{1}{100}$	penny	$\frac{1}{100}$	penny	$\frac{1}{100}$	penny	$\frac{1}{100}$

Saxon Math 5/4—Homeschool

FACTS PRACTICE TEST

E — **Multiplication Facts: 2's, 5's, 9's, Squares**
For use with Lesson 41

Name _____
Time _____

Multiply.

9 × 9	2 × 6	3 × 5	2 × 2	8 × 2	7 × 9	2 × 3	5 × 6
4 × 5	0 × 9	9 × 8	5 × 2	6 × 9	7 × 5	9 × 3	0 × 5
6 × 6	5 × 9	5 × 8	9 × 7	2 × 0	8 × 8	7 × 2	5 × 5
4 × 2	1 × 9	3 × 3	2 × 8	4 × 9	3 × 2	8 × 9	5 × 7
2 × 1	2 × 9	7 × 7	9 × 6	5 × 0	4 × 4	9 × 1	2 × 5
1 × 5	9 × 5	2 × 7	5 × 4	9 × 2	5 × 3	0 × 2	8 × 5
3 × 9	2 × 4	6 × 5	1 × 2	9 × 0	6 × 2	9 × 4	5 × 1

Saxon Math 5/4—Homeschool

FACTS PRACTICE TEST

E — Multiplication Facts: 2's, 5's, 9's, Squares
For use with Lesson 42

Name _____

Time _____

Multiply.

9 × 9	2 × 6	3 × 5	2 × 2	8 × 2	7 × 9	2 × 3	5 × 6
4 × 5	0 × 9	9 × 8	5 × 2	6 × 9	7 × 5	9 × 3	0 × 5
6 × 6	5 × 9	5 × 8	9 × 7	2 × 0	8 × 8	7 × 2	5 × 5
4 × 2	1 × 9	3 × 3	2 × 8	4 × 9	3 × 2	8 × 9	5 × 7
2 × 1	2 × 9	7 × 7	9 × 6	5 × 0	4 × 4	9 × 1	2 × 5
1 × 5	9 × 5	2 × 7	5 × 4	9 × 2	5 × 3	0 × 2	8 × 5
3 × 9	2 × 4	6 × 5	1 × 2	9 × 0	6 × 2	9 × 4	5 × 1

Saxon Math 5/4—Homeschool

ACTIVITY SHEET

21   1-Centimeter Grid
For use with Lesson 42, Mixed Practice

Name _____

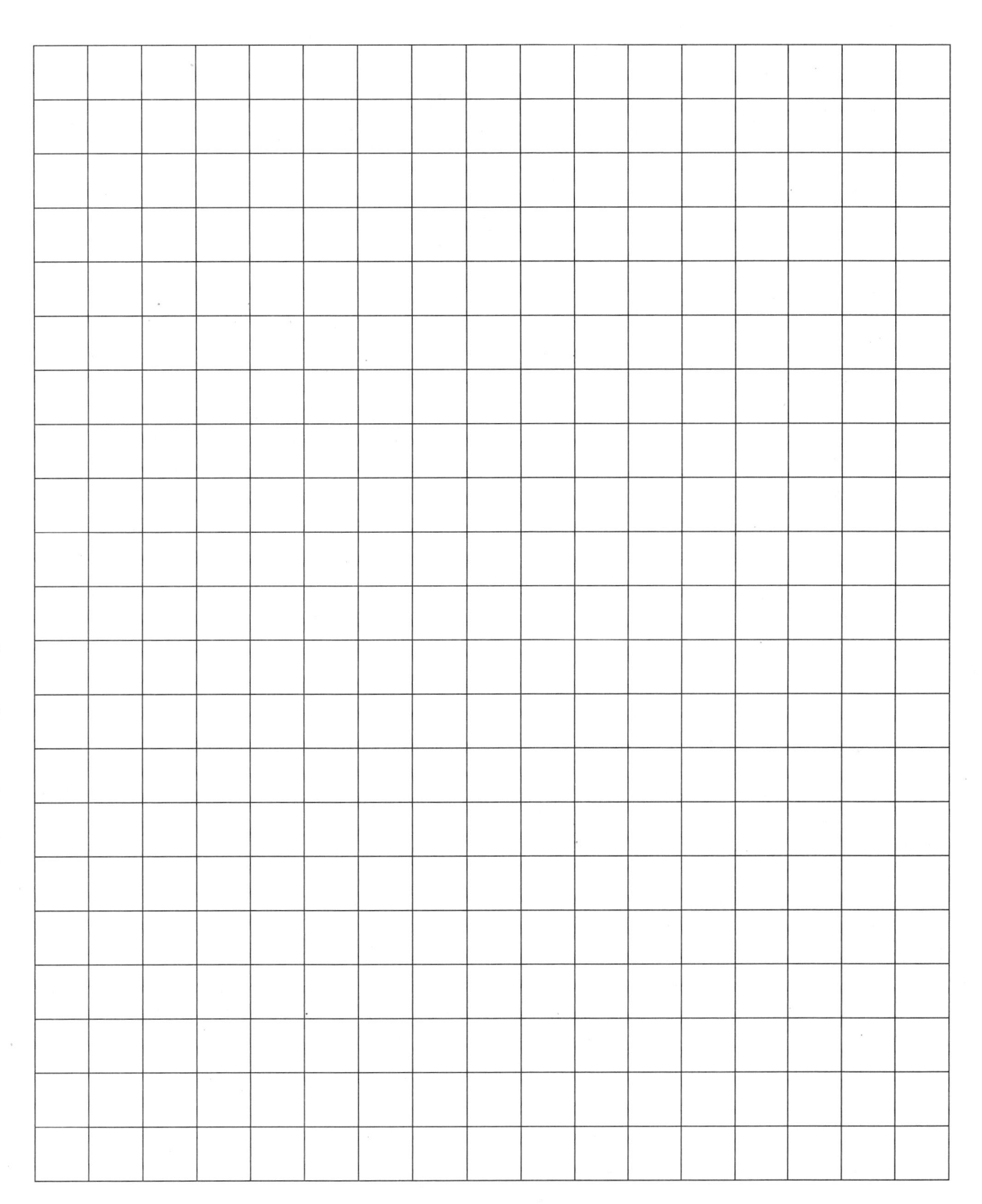

Saxon Math 5/4—Homeschool

FACTS PRACTICE TEST

E — Multiplication Facts: 2's, 5's, 9's, Squares
For use with Lesson 43

Name _____

Time _____

Multiply.

9 × 9	2 × 6	3 × 5	2 × 2	8 × 2	7 × 9	2 × 3	5 × 6
4 × 5	0 × 9	9 × 8	5 × 2	6 × 9	7 × 5	9 × 3	0 × 5
6 × 6	5 × 9	5 × 8	9 × 7	2 × 0	8 × 8	7 × 2	5 × 5
4 × 2	1 × 9	3 × 3	2 × 8	4 × 9	3 × 2	8 × 9	5 × 7
2 × 1	2 × 9	7 × 7	9 × 6	5 × 0	4 × 4	9 × 1	2 × 5
1 × 5	9 × 5	2 × 7	5 × 4	9 × 2	5 × 3	0 × 2	8 × 5
3 × 9	2 × 4	6 × 5	1 × 2	9 × 0	6 × 2	9 × 4	5 × 1

Saxon Math 5/4—Homeschool

FACTS PRACTICE TEST

F | **Multiplication Facts: Memory Group**
For use with Lesson 44

Name _____

Time _____

Multiply.

6 × 4	7 × 6	8 × 7	8 × 3
4 × 8	4 × 3	3 × 7	7 × 4
3 × 6	8 × 6	4 × 6	7 × 8
6 × 8	3 × 8	8 × 4	3 × 4
7 × 3	4 × 7	6 × 3	6 × 7

Saxon Math 5/4—Homeschool

FACTS PRACTICE TEST

| **F** | **Multiplication Facts: Memory Group**
 For use with Lesson 45 | Name _____
 Time _____ |

Multiply.

6 × 4	7 × 6	8 × 7	8 × 3
4 × 8	4 × 3	3 × 7	7 × 4
3 × 6	8 × 6	4 × 6	7 × 8
6 × 8	3 × 8	8 × 4	3 × 4
7 × 3	4 × 7	6 × 3	6 × 7

Saxon Math 5/4—Homeschool 111

FACTS PRACTICE TEST

C — Multiplication Facts: 0's, 1's, 2's, 5's
For use with Test 8

Name _____

Time _____

Multiply.

0 × 8	3 × 2	5 × 1	4 × 5	2 × 0	1 × 8	7 × 2	1 × 1
5 × 2	4 × 0	2 × 8	1 × 3	7 × 5	7 × 0	8 × 5	0 × 5
8 × 1	6 × 5	9 × 0	2 × 6	0 × 1	4 × 2	1 × 6	9 × 2
6 × 0	3 × 5	5 × 7	4 × 1	2 × 2	8 × 0	5 × 9	1 × 2
5 × 5	1 × 7	0 × 0	8 × 2	5 × 8	5 × 6	3 × 0	9 × 1
5 × 3	0 × 4	6 × 1	9 × 5	5 × 0	7 × 1	2 × 5	0 × 9
2 × 1	6 × 2	0 × 7	2 × 3	1 × 4	2 × 9	1 × 0	5 × 4
0 × 2	1 × 9	3 × 1	2 × 7	0 × 3	1 × 5	2 × 4	0 × 6

112 *Saxon Math 5/4—Homeschool*

FACTS PRACTICE TEST

F | Multiplication Facts: Memory Group
For use with Lesson 46

Name _____

Time _____

Multiply.

6 × 4	7 × 6	8 × 7	8 × 3
4 × 8	4 × 3	3 × 7	7 × 4
3 × 6	8 × 6	4 × 6	7 × 8
6 × 8	3 × 8	8 × 4	3 × 4
7 × 3	4 × 7	6 × 3	6 × 7

Saxon Math 5/4—Homeschool

113

FACTS PRACTICE TEST

F | Multiplication Facts: Memory Group
For use with Lesson 47

Name _____

Time _____

Multiply.

6 × 4	7 × 6	8 × 7	8 × 3
4 × 8	4 × 3	3 × 7	7 × 4
3 × 6	8 × 6	4 × 6	7 × 8
6 × 8	3 × 8	8 × 4	3 × 4
7 × 3	4 × 7	6 × 3	6 × 7

FACTS PRACTICE TEST

F | **Multiplication Facts:
Memory Group**
For use with Lesson 48

Name _____

Time _____

Multiply.

6 × 4	7 × 6	8 × 7	8 × 3
4 × 8	4 × 3	3 × 7	7 × 4
3 × 6	8 × 6	4 × 6	7 × 8
6 × 8	3 × 8	8 × 4	3 × 4
7 × 3	4 × 7	6 × 3	6 × 7

Saxon Math 5/4—Homeschool

FACTS PRACTICE TEST

G **64 Multiplication Facts**
For use with Lesson 49

Name _____
Time _____

Multiply.

4 × 6	8 × 8	5 × 7	6 × 3	5 × 6	4 × 3	9 × 8	7 × 5
2 × 6	5 × 9	3 × 3	9 × 2	9 × 4	2 × 5	7 × 6	4 × 8
5 × 2	7 × 8	2 × 3	6 × 8	3 × 7	8 × 5	6 × 2	5 × 5
3 × 4	7 × 3	5 × 8	4 × 2	6 × 4	2 × 8	4 × 4	8 × 2
2 × 2	7 × 4	3 × 8	8 × 6	2 × 9	8 × 4	9 × 3	6 × 9
6 × 7	4 × 5	7 × 2	9 × 6	7 × 9	5 × 4	3 × 2	9 × 7
4 × 7	9 × 5	3 × 6	8 × 7	3 × 5	2 × 4	7 × 7	8 × 9
8 × 3	2 × 7	6 × 5	4 × 9	3 × 9	6 × 6	9 × 9	5 × 3

FACTS PRACTICE TEST

G | **64 Multiplication Facts**
For use with Lesson 50

Name _____
Time _____

Multiply.

4 × 6	8 × 8	5 × 7	6 × 3	5 × 6	4 × 3	9 × 8	7 × 5
2 × 6	5 × 9	3 × 3	9 × 2	9 × 4	2 × 5	7 × 6	4 × 8
5 × 2	7 × 8	2 × 3	6 × 8	3 × 7	8 × 5	6 × 2	5 × 5
3 × 4	7 × 3	5 × 8	4 × 2	6 × 4	2 × 8	4 × 4	8 × 2
2 × 2	7 × 4	3 × 8	8 × 6	2 × 9	8 × 4	9 × 3	6 × 9
6 × 7	4 × 5	7 × 2	9 × 6	7 × 9	5 × 4	3 × 2	9 × 7
4 × 7	9 × 5	3 × 6	8 × 7	3 × 5	2 × 4	7 × 7	8 × 9
8 × 3	2 × 7	6 × 5	4 × 9	3 × 9	6 × 6	9 × 9	5 × 3

Saxon Math 5/4—Homeschool

FACTS PRACTICE TEST

E — **Multiplication Facts: 2's, 5's, 9's, Squares**
For use with Test 9

Name _____
Time _____

Multiply.

9 × 9	2 × 6	3 × 5	2 × 2	8 × 2	7 × 9	2 × 3	5 × 6
4 × 5	0 × 9	9 × 8	5 × 2	6 × 9	7 × 5	9 × 3	0 × 5
6 × 6	5 × 9	5 × 8	9 × 7	2 × 0	8 × 8	7 × 2	5 × 5
4 × 2	1 × 9	3 × 3	2 × 8	4 × 9	3 × 2	8 × 9	5 × 7
2 × 1	2 × 9	7 × 7	9 × 6	5 × 0	4 × 4	9 × 1	2 × 5
1 × 5	9 × 5	2 × 7	5 × 4	9 × 2	5 × 3	0 × 2	8 × 5
3 × 9	2 × 4	6 × 5	1 × 2	9 × 0	6 × 2	9 × 4	5 × 1

118   *Saxon Math 5/4—Homeschool*

ACTIVITY SHEET

22 Percent
For use with Investigation 5

Name _____

Each big square is divided into 100 small squares. So each small square is $\frac{1}{100}$, that is 1%, of the big square.

1. (a) Shade 5% of the big square.
   (b) What percent of the big square is not shaded? _____

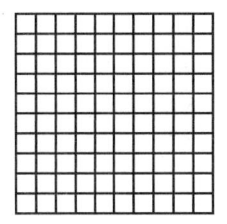

2. (a) Shade 33% of the big square.
   (b) What percent of the big square is not shaded? _____

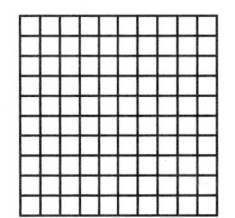

Each of these rectangles is divided into 10 parts. So each part is $\frac{1}{10}$, that is 10%, of the whole rectangle.

3. (a) Starting from the bottom, shade 10% of the rectangle.
   (b) What percent of the rectangle is not shaded? _____

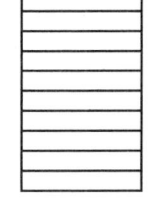

4. (a) Starting from the bottom, shade 70% of the rectangle.
   (b) What percent of the rectangle is not shaded? _____

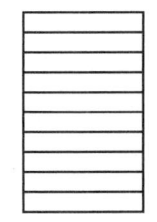

Each whole circle represents 100%.

5. (a) Shade 50% of the circle.
   (b) What percent of the circle is not shaded? _____

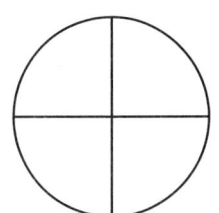

6. (a) Shade 75% of the circle.
   (b) What percent of the circle is not shaded? _____

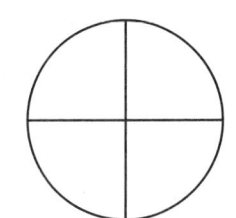

Saxon Math 5/4—Homeschool

FACTS PRACTICE TEST

H | **100 Multiplication Facts**
For use with Lesson 51

Name _____
Time _____

Multiply.

9 × 1	2 × 2	5 × 1	4 × 3	0 × 0	9 × 9	3 × 5	8 × 5	2 × 6	4 × 7
5 × 6	7 × 5	3 × 0	8 × 8	1 × 3	3 × 4	5 × 9	0 × 2	7 × 3	4 × 1
2 × 3	8 × 6	0 × 5	6 × 1	3 × 8	1 × 1	9 × 0	2 × 8	6 × 4	0 × 7
7 × 7	1 × 4	6 × 2	4 × 5	2 × 4	4 × 9	7 × 0	1 × 2	8 × 4	6 × 5
3 × 2	4 × 6	1 × 9	5 × 7	8 × 2	0 × 8	4 × 2	9 × 8	3 × 6	5 × 5
8 × 9	3 × 7	9 × 7	1 × 7	6 × 0	0 × 3	7 × 2	1 × 5	7 × 8	4 × 0
8 × 3	5 × 2	0 × 4	9 × 5	6 × 7	2 × 7	6 × 3	5 × 4	1 × 0	9 × 2
7 × 6	1 × 8	9 × 6	4 × 4	5 × 3	8 × 1	3 × 3	4 × 8	9 × 3	2 × 0
8 × 0	3 × 1	6 × 8	0 × 9	8 × 7	2 × 9	9 × 4	0 × 1	7 × 4	5 × 8
0 × 6	7 × 1	2 × 5	6 × 9	3 × 9	1 × 6	5 × 0	6 × 6	2 × 1	7 × 9

Saxon Math 5/4—Homeschool

FACTS PRACTICE TEST

H **100 Multiplication Facts**
For use with Lesson 52

Name _____
Time _____

Multiply.

9 × 1	2 × 2	5 × 1	4 × 3	0 × 0	9 × 9	3 × 5	8 × 5	2 × 6	4 × 7
5 × 6	7 × 5	3 × 0	8 × 8	1 × 3	3 × 4	5 × 9	0 × 2	7 × 3	4 × 1
2 × 3	8 × 6	0 × 5	6 × 1	3 × 8	1 × 1	9 × 0	2 × 8	6 × 4	0 × 7
7 × 7	1 × 4	6 × 2	4 × 5	2 × 4	4 × 9	7 × 0	1 × 2	8 × 4	6 × 5
3 × 2	4 × 6	1 × 9	5 × 7	8 × 2	0 × 8	4 × 2	9 × 8	3 × 6	5 × 5
8 × 9	3 × 7	9 × 7	1 × 7	6 × 0	0 × 3	7 × 2	1 × 5	7 × 8	4 × 0
8 × 3	5 × 2	0 × 4	9 × 5	6 × 7	2 × 7	6 × 3	5 × 4	1 × 0	9 × 2
7 × 6	1 × 8	9 × 6	4 × 4	5 × 3	8 × 1	3 × 3	4 × 8	9 × 3	2 × 0
8 × 0	3 × 1	6 × 8	0 × 9	8 × 7	2 × 9	9 × 4	0 × 1	7 × 4	5 × 8
0 × 6	7 × 1	2 × 5	6 × 9	3 × 9	1 × 6	5 × 0	6 × 6	2 × 1	7 × 9

Saxon Math 5/4—Homeschool

FACTS PRACTICE TEST

I 90 Division Facts
For use with Lesson 53

Name _____

Time _____

Divide.

2)18	6)6	3)15	3)27	2)14	5)25	6)48	7)21	2)10	6)42
4)20	9)63	1)4	4)8	7)0	8)16	3)24	4)32	8)56	1)0
5)5	8)64	3)0	2)2	5)40	3)9	9)18	6)0	5)10	9)9
8)32	1)1	9)36	8)40	2)0	5)20	9)27	6)18	4)0	5)30
2)12	5)45	1)7	7)14	3)3	8)24	5)0	2)8	7)42	6)36
7)56	9)0	8)72	4)28	7)49	2)4	9)81	1)2	5)35	3)21
8)0	7)28	4)36	1)3	4)24	3)6	9)54	1)8	4)4	7)35
9)45	1)9	6)54	6)12	3)18	9)72	5)15	6)24	8)8	2)16
1)6	4)12	7)7	2)6	7)63	4)16	8)48	3)12	6)30	1)5

Saxon Math 5/4—Homeschool

FACTS PRACTICE TEST

I **90 Division Facts**
For use with Lesson 54

Name _____
Time _____

Divide.

2)18	6)6	3)15	3)27	2)14	5)25	6)48	7)21	2)10	6)42
4)20	9)63	1)4	4)8	7)0	8)16	3)24	4)32	8)56	1)0
5)5	8)64	3)0	2)2	5)40	3)9	9)18	6)0	5)10	9)9
8)32	1)1	9)36	8)40	2)0	5)20	9)27	6)18	4)0	5)30
2)12	5)45	1)7	7)14	3)3	8)24	5)0	2)8	7)42	6)36
7)56	9)0	8)72	4)28	7)49	2)4	9)81	1)2	5)35	3)21
8)0	7)28	4)36	1)3	4)24	3)6	9)54	1)8	4)4	7)35
9)45	1)9	6)54	6)12	3)18	9)72	5)15	6)24	8)8	2)16
1)6	4)12	7)7	2)6	7)63	4)16	8)48	3)12	6)30	1)5

124   *Saxon Math 5/4—Homeschool*

FACTS PRACTICE TEST

I 90 Division Facts
For use with Lesson 55

Name _____

Time _____

Divide.

2)18	6)6	3)15	3)27	2)14	5)25	6)48	7)21	2)10	6)42
4)20	9)63	1)4	4)8	7)0	8)16	3)24	4)32	8)56	1)0
5)5	8)64	3)0	2)2	5)40	3)9	9)18	6)0	5)10	9)9
8)32	1)1	9)36	8)40	2)0	5)20	9)27	6)18	4)0	5)30
2)12	5)45	1)7	7)14	3)3	8)24	5)0	2)8	7)42	6)36
7)56	9)0	8)72	4)28	7)49	2)4	9)81	1)2	5)35	3)21
8)0	7)28	4)36	1)3	4)24	3)6	9)54	1)8	4)4	7)35
9)45	1)9	6)54	6)12	3)18	9)72	5)15	6)24	8)8	2)16
1)6	4)12	7)7	2)6	7)63	4)16	8)48	3)12	6)30	1)5

Saxon Math 5/4—Homeschool

FACTS PRACTICE TEST

F | **Multiplication Facts: Memory Group**
For use with Test 10

Name _____
Time _____

Multiply.

6 × 4	7 × 6	8 × 7	8 × 3
4 × 8	4 × 3	3 × 7	7 × 4
3 × 6	8 × 6	4 × 6	7 × 8
6 × 8	3 × 8	8 × 4	3 × 4
7 × 3	4 × 7	6 × 3	6 × 7

Saxon Math 5/4—Homeschool

FACTS PRACTICE TEST

I — 90 Division Facts
For use with Lesson 56

Name _____
Time _____

Divide.

2)18	6)6	3)15	3)27	2)14	5)25	6)48	7)21	2)10	6)42
4)20	9)63	1)4	4)8	7)0	8)16	3)24	4)32	8)56	1)0
5)5	8)64	3)0	2)2	5)40	3)9	9)18	6)0	5)10	9)9
8)32	1)1	9)36	8)40	2)0	5)20	9)27	6)18	4)0	5)30
2)12	5)45	1)7	7)14	3)3	8)24	5)0	2)8	7)42	6)36
7)56	9)0	8)72	4)28	7)49	2)4	9)81	1)2	5)35	3)21
8)0	7)28	4)36	1)3	4)24	3)6	9)54	1)8	4)4	7)35
9)45	1)9	6)54	6)12	3)18	9)72	5)15	6)24	8)8	2)16
1)6	4)12	7)7	2)6	7)63	4)16	8)48	3)12	6)30	1)5

Saxon Math 5/4—Homeschool

FACTS PRACTICE TEST

J — 90 Division Facts
For use with Lesson 57

Name _____

Time _____

Divide.

56 ÷ 7 =	15 ÷ 3 =	12 ÷ 6 =	8 ÷ 2 =	63 ÷ 7 =	0 ÷ 4 =
14 ÷ 2 =	42 ÷ 6 =	6 ÷ 1 =	16 ÷ 8 =	20 ÷ 5 =	49 ÷ 7 =
36 ÷ 4 =	64 ÷ 8 =	0 ÷ 3 =	54 ÷ 9 =	4 ÷ 2 =	48 ÷ 8 =
18 ÷ 9 =	3 ÷ 1 =	35 ÷ 5 =	8 ÷ 4 =	72 ÷ 8 =	6 ÷ 6 =
0 ÷ 5 =	42 ÷ 7 =	2 ÷ 2 =	36 ÷ 9 =	7 ÷ 1 =	12 ÷ 3 =
16 ÷ 2 =	30 ÷ 5 =	0 ÷ 1 =	28 ÷ 7 =	4 ÷ 4 =	40 ÷ 8 =
3 ÷ 3 =	18 ÷ 6 =	63 ÷ 9 =	40 ÷ 5 =	10 ÷ 2 =	36 ÷ 6 =
32 ÷ 8 =	12 ÷ 4 =	18 ÷ 3 =	35 ÷ 7 =	8 ÷ 8 =	2 ÷ 1 =
45 ÷ 5 =	7 ÷ 7 =	27 ÷ 9 =	9 ÷ 1 =	48 ÷ 6 =	0 ÷ 7 =
4 ÷ 1 =	0 ÷ 9 =	24 ÷ 3 =	32 ÷ 4 =	5 ÷ 5 =	72 ÷ 9 =
20 ÷ 4 =	21 ÷ 7 =	0 ÷ 2 =	27 ÷ 3 =	8 ÷ 1 =	54 ÷ 6 =
15 ÷ 5 =	6 ÷ 3 =	28 ÷ 4 =	18 ÷ 2 =	24 ÷ 6 =	9 ÷ 9 =
56 ÷ 8 =	0 ÷ 6 =	21 ÷ 3 =	1 ÷ 1 =	25 ÷ 5 =	12 ÷ 2 =
5 ÷ 1 =	45 ÷ 9 =	16 ÷ 4 =	30 ÷ 6 =	9 ÷ 3 =	14 ÷ 7 =
0 ÷ 8 =	6 ÷ 2 =	24 ÷ 8 =	10 ÷ 5 =	81 ÷ 9 =	24 ÷ 4 =

© Saxon Publishers, Inc., and Stephen Hake. Reproduction prohibited.

128   *Saxon Math 5/4—Homeschool*

FACTS PRACTICE TEST

J   90 Division Facts
For use with Lesson 58

Name _____

Time _____

Divide.

56 ÷ 7 =	15 ÷ 3 =	12 ÷ 6 =	8 ÷ 2 =	63 ÷ 7 =	0 ÷ 4 =
14 ÷ 2 =	42 ÷ 6 =	6 ÷ 1 =	16 ÷ 8 =	20 ÷ 5 =	49 ÷ 7 =
36 ÷ 4 =	64 ÷ 8 =	0 ÷ 3 =	54 ÷ 9 =	4 ÷ 2 =	48 ÷ 8 =
18 ÷ 9 =	3 ÷ 1 =	35 ÷ 5 =	8 ÷ 4 =	72 ÷ 8 =	6 ÷ 6 =
0 ÷ 5 =	42 ÷ 7 =	2 ÷ 2 =	36 ÷ 9 =	7 ÷ 1 =	12 ÷ 3 =
16 ÷ 2 =	30 ÷ 5 =	0 ÷ 1 =	28 ÷ 7 =	4 ÷ 4 =	40 ÷ 8 =
3 ÷ 3 =	18 ÷ 6 =	63 ÷ 9 =	40 ÷ 5 =	10 ÷ 2 =	36 ÷ 6 =
32 ÷ 8 =	12 ÷ 4 =	18 ÷ 3 =	35 ÷ 7 =	8 ÷ 8 =	2 ÷ 1 =
45 ÷ 5 =	7 ÷ 7 =	27 ÷ 9 =	9 ÷ 1 =	48 ÷ 6 =	0 ÷ 7 =
4 ÷ 1 =	0 ÷ 9 =	24 ÷ 3 =	32 ÷ 4 =	5 ÷ 5 =	72 ÷ 9 =
20 ÷ 4 =	21 ÷ 7 =	0 ÷ 2 =	27 ÷ 3 =	8 ÷ 1 =	54 ÷ 6 =
15 ÷ 5 =	6 ÷ 3 =	28 ÷ 4 =	18 ÷ 2 =	24 ÷ 6 =	9 ÷ 9 =
56 ÷ 8 =	0 ÷ 6 =	21 ÷ 3 =	1 ÷ 1 =	25 ÷ 5 =	12 ÷ 2 =
5 ÷ 1 =	45 ÷ 9 =	16 ÷ 4 =	30 ÷ 6 =	9 ÷ 3 =	14 ÷ 7 =
0 ÷ 8 =	6 ÷ 2 =	24 ÷ 8 =	10 ÷ 5 =	81 ÷ 9 =	24 ÷ 4 =

Saxon Math 5/4—Homeschool 129

FACTS PRACTICE TEST

J **90 Division Facts**
For use with Lesson 59

Name _____
Time _____

Divide.

56 ÷ 7 =	15 ÷ 3 =	12 ÷ 6 =	8 ÷ 2 =	63 ÷ 7 =	0 ÷ 4 =
14 ÷ 2 =	42 ÷ 6 =	6 ÷ 1 =	16 ÷ 8 =	20 ÷ 5 =	49 ÷ 7 =
36 ÷ 4 =	64 ÷ 8 =	0 ÷ 3 =	54 ÷ 9 =	4 ÷ 2 =	48 ÷ 8 =
18 ÷ 9 =	3 ÷ 1 =	35 ÷ 5 =	8 ÷ 4 =	72 ÷ 8 =	6 ÷ 6 =
0 ÷ 5 =	42 ÷ 7 =	2 ÷ 2 =	36 ÷ 9 =	7 ÷ 1 =	12 ÷ 3 =
16 ÷ 2 =	30 ÷ 5 =	0 ÷ 1 =	28 ÷ 7 =	4 ÷ 4 =	40 ÷ 8 =
3 ÷ 3 =	18 ÷ 6 =	63 ÷ 9 =	40 ÷ 5 =	10 ÷ 2 =	36 ÷ 6 =
32 ÷ 8 =	12 ÷ 4 =	18 ÷ 3 =	35 ÷ 7 =	8 ÷ 8 =	2 ÷ 1 =
45 ÷ 5 =	7 ÷ 7 =	27 ÷ 9 =	9 ÷ 1 =	48 ÷ 6 =	0 ÷ 7 =
4 ÷ 1 =	0 ÷ 9 =	24 ÷ 3 =	32 ÷ 4 =	5 ÷ 5 =	72 ÷ 9 =
20 ÷ 4 =	21 ÷ 7 =	0 ÷ 2 =	27 ÷ 3 =	8 ÷ 1 =	54 ÷ 6 =
15 ÷ 5 =	6 ÷ 3 =	28 ÷ 4 =	18 ÷ 2 =	24 ÷ 6 =	9 ÷ 9 =
56 ÷ 8 =	0 ÷ 6 =	21 ÷ 3 =	1 ÷ 1 =	25 ÷ 5 =	12 ÷ 2 =
5 ÷ 1 =	45 ÷ 9 =	16 ÷ 4 =	30 ÷ 6 =	9 ÷ 3 =	14 ÷ 7 =
0 ÷ 8 =	6 ÷ 2 =	24 ÷ 8 =	10 ÷ 5 =	81 ÷ 9 =	24 ÷ 4 =

© Saxon Publishers, Inc. and Stephen Hake. Reproduction prohibited.

FACTS PRACTICE TEST

J | **90 Division Facts**
For use with Lesson 60

Name _____
Time _____

Divide.

56 ÷ 7 =	15 ÷ 3 =	12 ÷ 6 =	8 ÷ 2 =	63 ÷ 7 =	0 ÷ 4 =
14 ÷ 2 =	42 ÷ 6 =	6 ÷ 1 =	16 ÷ 8 =	20 ÷ 5 =	49 ÷ 7 =
36 ÷ 4 =	64 ÷ 8 =	0 ÷ 3 =	54 ÷ 9 =	4 ÷ 2 =	48 ÷ 8 =
18 ÷ 9 =	3 ÷ 1 =	35 ÷ 5 =	8 ÷ 4 =	72 ÷ 8 =	6 ÷ 6 =
0 ÷ 5 =	42 ÷ 7 =	2 ÷ 2 =	36 ÷ 9 =	7 ÷ 1 =	12 ÷ 3 =
16 ÷ 2 =	30 ÷ 5 =	0 ÷ 1 =	28 ÷ 7 =	4 ÷ 4 =	40 ÷ 8 =
3 ÷ 3 =	18 ÷ 6 =	63 ÷ 9 =	40 ÷ 5 =	10 ÷ 2 =	36 ÷ 6 =
32 ÷ 8 =	12 ÷ 4 =	18 ÷ 3 =	35 ÷ 7 =	8 ÷ 8 =	2 ÷ 1 =
45 ÷ 5 =	7 ÷ 7 =	27 ÷ 9 =	9 ÷ 1 =	48 ÷ 6 =	0 ÷ 7 =
4 ÷ 1 =	0 ÷ 9 =	24 ÷ 3 =	32 ÷ 4 =	5 ÷ 5 =	72 ÷ 9 =
20 ÷ 4 =	21 ÷ 7 =	0 ÷ 2 =	27 ÷ 3 =	8 ÷ 1 =	54 ÷ 6 =
15 ÷ 5 =	6 ÷ 3 =	28 ÷ 4 =	18 ÷ 2 =	24 ÷ 6 =	9 ÷ 9 =
56 ÷ 8 =	0 ÷ 6 =	21 ÷ 3 =	1 ÷ 1 =	25 ÷ 5 =	12 ÷ 2 =
5 ÷ 1 =	45 ÷ 9 =	16 ÷ 4 =	30 ÷ 6 =	9 ÷ 3 =	14 ÷ 7 =
0 ÷ 8 =	6 ÷ 2 =	24 ÷ 8 =	10 ÷ 5 =	81 ÷ 9 =	24 ÷ 4 =

Saxon Math 5/4—Homeschool

FACTS PRACTICE TEST

H **100 Multiplication Facts**
For use with Test 11

Name _____
Time _____

Multiply.

9 × 1	2 × 2	5 × 1	4 × 3	0 × 0	9 × 9	3 × 5	8 × 5	2 × 6	4 × 7
5 × 6	7 × 5	3 × 0	8 × 8	1 × 3	3 × 4	5 × 9	0 × 2	7 × 3	4 × 1
2 × 3	8 × 6	0 × 5	6 × 1	3 × 8	1 × 1	9 × 0	2 × 8	6 × 4	0 × 7
7 × 7	1 × 4	6 × 2	4 × 5	2 × 4	4 × 9	7 × 0	1 × 2	8 × 4	6 × 5
3 × 2	4 × 6	1 × 9	5 × 7	8 × 2	0 × 8	4 × 2	9 × 8	3 × 6	5 × 5
8 × 9	3 × 7	9 × 7	1 × 7	6 × 0	0 × 3	7 × 2	1 × 5	7 × 8	4 × 0
8 × 3	5 × 2	0 × 4	9 × 5	6 × 7	2 × 7	6 × 3	5 × 4	1 × 0	9 × 2
7 × 6	1 × 8	9 × 6	4 × 4	5 × 3	8 × 1	3 × 3	4 × 8	9 × 3	2 × 0
8 × 0	3 × 1	6 × 8	0 × 9	8 × 7	2 × 9	9 × 4	0 × 1	7 × 4	5 × 8
0 × 6	7 × 1	2 × 5	6 × 9	3 × 9	1 × 6	5 × 0	6 × 6	2 × 1	7 × 9

ACTIVITY SHEET

23 — Pictograph and Bar Graph
For use with Investigation 6

Name _____

Pictograph

(Title) _____

Legend

Bar Graph

(Title) _____

(Label)

(Label)

Saxon Math 5/4—Homeschool

ACTIVITY SHEET

24 | Line Graph and Circle Graph
For use with Investigation 6

Name _____

Line Graph

(Title) _____

( )

(Label)

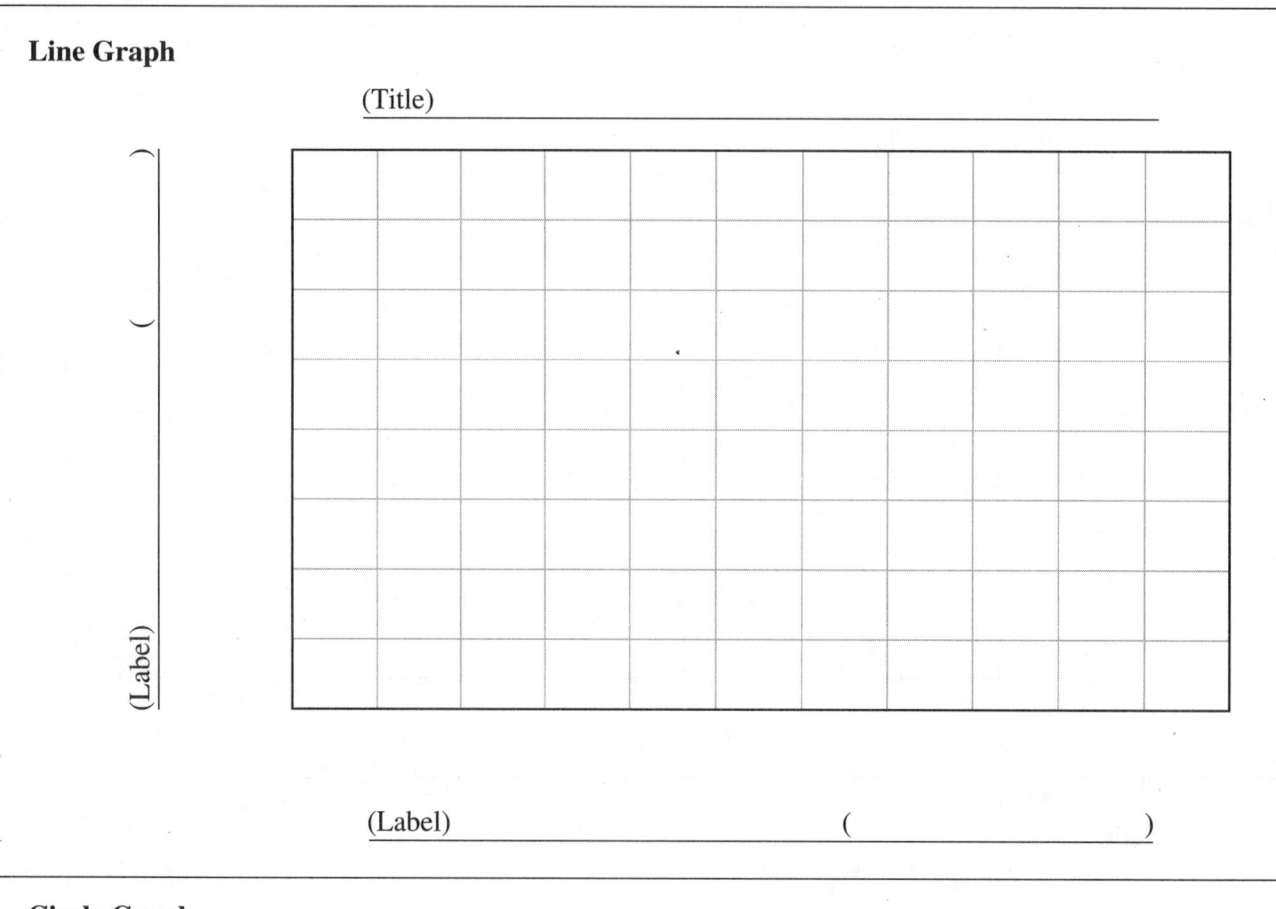

(Label) ( )

Circle Graph

(Title) _____

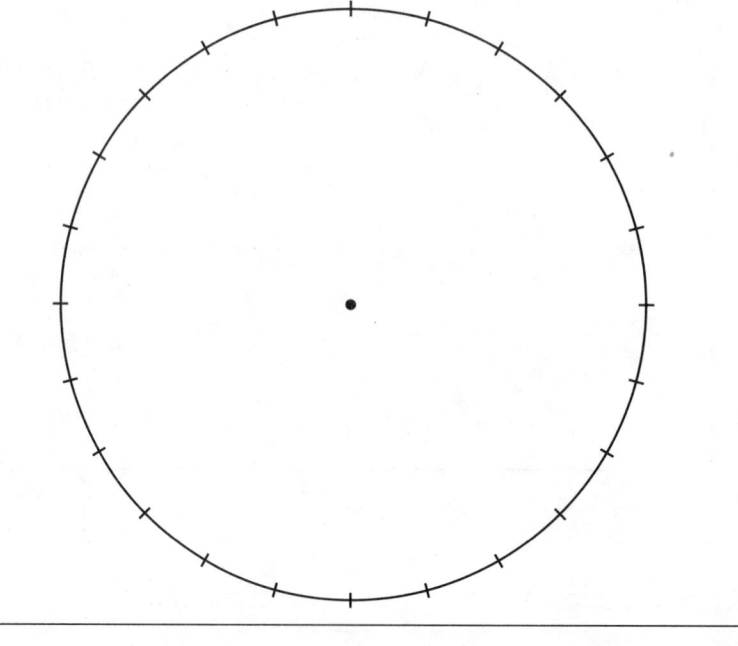

FACTS PRACTICE TEST

I 90 Division Facts
For use with Lesson 61

Name _____

Time _____

Divide.

2)18	6)6	3)15	3)27	2)14	5)25	6)48	7)21	2)10	6)42
4)20	9)63	1)4	4)8	7)0	8)16	3)24	4)32	8)56	1)0
5)5	8)64	3)0	2)2	5)40	3)9	9)18	6)0	5)10	9)9
8)32	1)1	9)36	8)40	2)0	5)20	9)27	6)18	4)0	5)30
2)12	5)45	1)7	7)14	3)3	8)24	5)0	2)8	7)42	6)36
7)56	9)0	8)72	4)28	7)49	2)4	9)81	1)2	5)35	3)21
8)0	7)28	4)36	1)3	4)24	3)6	9)54	1)8	4)4	7)35
9)45	1)9	6)54	6)12	3)18	9)72	5)15	6)24	8)8	2)16
1)6	4)12	7)7	2)6	7)63	4)16	8)48	3)12	6)30	1)5

Saxon Math 5/4—Homeschool 135

FACTS PRACTICE TEST

I — **90 Division Facts**
For use with Lesson 62

Name _____
Time _____

Divide.

2)18	6)6	3)15	3)27	2)14	5)25	6)48	7)21	2)10	6)42
4)20	9)63	1)4	4)8	7)0	8)16	3)24	4)32	8)56	1)0
5)5	8)64	3)0	2)2	5)40	3)9	9)18	6)0	5)10	9)9
8)32	1)1	9)36	8)40	2)0	5)20	9)27	6)18	4)0	5)30
2)12	5)45	1)7	7)14	3)3	8)24	5)0	2)8	7)42	6)36
7)56	9)0	8)72	4)28	7)49	2)4	9)81	1)2	5)35	3)21
8)0	7)28	4)36	1)3	4)24	3)6	9)54	1)8	4)4	7)35
9)45	1)9	6)54	6)12	3)18	9)72	5)15	6)24	8)8	2)16
1)6	4)12	7)7	2)6	7)63	4)16	8)48	3)12	6)30	1)5

136 *Saxon Math 5/4—Homeschool*

FACTS PRACTICE TEST

J | **90 Division Facts**
For use with Lesson 63

Name _____
Time _____

Divide.

56 ÷ 7 =	15 ÷ 3 =	12 ÷ 6 =	8 ÷ 2 =	63 ÷ 7 =	0 ÷ 4 =
14 ÷ 2 =	42 ÷ 6 =	6 ÷ 1 =	16 ÷ 8 =	20 ÷ 5 =	49 ÷ 7 =
36 ÷ 4 =	64 ÷ 8 =	0 ÷ 3 =	54 ÷ 9 =	4 ÷ 2 =	48 ÷ 8 =
18 ÷ 9 =	3 ÷ 1 =	35 ÷ 5 =	8 ÷ 4 =	72 ÷ 8 =	6 ÷ 6 =
0 ÷ 5 =	42 ÷ 7 =	2 ÷ 2 =	36 ÷ 9 =	7 ÷ 1 =	12 ÷ 3 =
16 ÷ 2 =	30 ÷ 5 =	0 ÷ 1 =	28 ÷ 7 =	4 ÷ 4 =	40 ÷ 8 =
3 ÷ 3 =	18 ÷ 6 =	63 ÷ 9 =	40 ÷ 5 =	10 ÷ 2 =	36 ÷ 6 =
32 ÷ 8 =	12 ÷ 4 =	18 ÷ 3 =	35 ÷ 7 =	8 ÷ 8 =	2 ÷ 1 =
45 ÷ 5 =	7 ÷ 7 =	27 ÷ 9 =	9 ÷ 1 =	48 ÷ 6 =	0 ÷ 7 =
4 ÷ 1 =	0 ÷ 9 =	24 ÷ 3 =	32 ÷ 4 =	5 ÷ 5 =	72 ÷ 9 =
20 ÷ 4 =	21 ÷ 7 =	0 ÷ 2 =	27 ÷ 3 =	8 ÷ 1 =	54 ÷ 6 =
15 ÷ 5 =	6 ÷ 3 =	28 ÷ 4 =	18 ÷ 2 =	24 ÷ 6 =	9 ÷ 9 =
56 ÷ 8 =	0 ÷ 6 =	21 ÷ 3 =	1 ÷ 1 =	25 ÷ 5 =	12 ÷ 2 =
5 ÷ 1 =	45 ÷ 9 =	16 ÷ 4 =	30 ÷ 6 =	9 ÷ 3 =	14 ÷ 7 =
0 ÷ 8 =	6 ÷ 2 =	24 ÷ 8 =	10 ÷ 5 =	81 ÷ 9 =	24 ÷ 4 =

Saxon Math 5/4—Homeschool

FACTS PRACTICE TEST

J **90 Division Facts**
For use with Lesson 64

Name _____
Time _____

Divide.

56 ÷ 7 =	15 ÷ 3 =	12 ÷ 6 =	8 ÷ 2 =	63 ÷ 7 =	0 ÷ 4 =
14 ÷ 2 =	42 ÷ 6 =	6 ÷ 1 =	16 ÷ 8 =	20 ÷ 5 =	49 ÷ 7 =
36 ÷ 4 =	64 ÷ 8 =	0 ÷ 3 =	54 ÷ 9 =	4 ÷ 2 =	48 ÷ 8 =
18 ÷ 9 =	3 ÷ 1 =	35 ÷ 5 =	8 ÷ 4 =	72 ÷ 8 =	6 ÷ 6 =
0 ÷ 5 =	42 ÷ 7 =	2 ÷ 2 =	36 ÷ 9 =	7 ÷ 1 =	12 ÷ 3 =
16 ÷ 2 =	30 ÷ 5 =	0 ÷ 1 =	28 ÷ 7 =	4 ÷ 4 =	40 ÷ 8 =
3 ÷ 3 =	18 ÷ 6 =	63 ÷ 9 =	40 ÷ 5 =	10 ÷ 2 =	36 ÷ 6 =
32 ÷ 8 =	12 ÷ 4 =	18 ÷ 3 =	35 ÷ 7 =	8 ÷ 8 =	2 ÷ 1 =
45 ÷ 5 =	7 ÷ 7 =	27 ÷ 9 =	9 ÷ 1 =	48 ÷ 6 =	0 ÷ 7 =
4 ÷ 1 =	0 ÷ 9 =	24 ÷ 3 =	32 ÷ 4 =	5 ÷ 5 =	72 ÷ 9 =
20 ÷ 4 =	21 ÷ 7 =	0 ÷ 2 =	27 ÷ 3 =	8 ÷ 1 =	54 ÷ 6 =
15 ÷ 5 =	6 ÷ 3 =	28 ÷ 4 =	18 ÷ 2 =	24 ÷ 6 =	9 ÷ 9 =
56 ÷ 8 =	0 ÷ 6 =	21 ÷ 3 =	1 ÷ 1 =	25 ÷ 5 =	12 ÷ 2 =
5 ÷ 1 =	45 ÷ 9 =	16 ÷ 4 =	30 ÷ 6 =	9 ÷ 3 =	14 ÷ 7 =
0 ÷ 8 =	6 ÷ 2 =	24 ÷ 8 =	10 ÷ 5 =	81 ÷ 9 =	24 ÷ 4 =

FACTS PRACTICE TEST

J | **90 Division Facts**
For use with Lesson 65

Name _____
Time _____

Divide.

56 ÷ 7 =	15 ÷ 3 =	12 ÷ 6 =	8 ÷ 2 =	63 ÷ 7 =	0 ÷ 4 =
14 ÷ 2 =	42 ÷ 6 =	6 ÷ 1 =	16 ÷ 8 =	20 ÷ 5 =	49 ÷ 7 =
36 ÷ 4 =	64 ÷ 8 =	0 ÷ 3 =	54 ÷ 9 =	4 ÷ 2 =	48 ÷ 8 =
18 ÷ 9 =	3 ÷ 1 =	35 ÷ 5 =	8 ÷ 4 =	72 ÷ 8 =	6 ÷ 6 =
0 ÷ 5 =	42 ÷ 7 =	2 ÷ 2 =	36 ÷ 9 =	7 ÷ 1 =	12 ÷ 3 =
16 ÷ 2 =	30 ÷ 5 =	0 ÷ 1 =	28 ÷ 7 =	4 ÷ 4 =	40 ÷ 8 =
3 ÷ 3 =	18 ÷ 6 =	63 ÷ 9 =	40 ÷ 5 =	10 ÷ 2 =	36 ÷ 6 =
32 ÷ 8 =	12 ÷ 4 =	18 ÷ 3 =	35 ÷ 7 =	8 ÷ 8 =	2 ÷ 1 =
45 ÷ 5 =	7 ÷ 7 =	27 ÷ 9 =	9 ÷ 1 =	48 ÷ 6 =	0 ÷ 7 =
4 ÷ 1 =	0 ÷ 9 =	24 ÷ 3 =	32 ÷ 4 =	5 ÷ 5 =	72 ÷ 9 =
20 ÷ 4 =	21 ÷ 7 =	0 ÷ 2 =	27 ÷ 3 =	8 ÷ 1 =	54 ÷ 6 =
15 ÷ 5 =	6 ÷ 3 =	28 ÷ 4 =	18 ÷ 2 =	24 ÷ 6 =	9 ÷ 9 =
56 ÷ 8 =	0 ÷ 6 =	21 ÷ 3 =	1 ÷ 1 =	25 ÷ 5 =	12 ÷ 2 =
5 ÷ 1 =	45 ÷ 9 =	16 ÷ 4 =	30 ÷ 6 =	9 ÷ 3 =	14 ÷ 7 =
0 ÷ 8 =	6 ÷ 2 =	24 ÷ 8 =	10 ÷ 5 =	81 ÷ 9 =	24 ÷ 4 =

Saxon Math 5/4—Homeschool

FACTS PRACTICE TEST

I — **90 Division Facts**
For use with Test 12

Name _____
Time _____

Divide.

2)18	6)6	3)15	3)27	2)14	5)25	6)48	7)21	2)10	6)42
4)20	9)63	1)4	4)8	7)0	8)16	3)24	4)32	8)56	1)0
5)5	8)64	3)0	2)2	5)40	3)9	9)18	6)0	5)10	9)9
8)32	1)1	9)36	8)40	2)0	5)20	9)27	6)18	4)0	5)30
2)12	5)45	1)7	7)14	3)3	8)24	5)0	2)8	7)42	6)36
7)56	9)0	8)72	4)28	7)49	2)4	9)81	1)2	5)35	3)21
8)0	7)28	4)36	1)3	4)24	3)6	9)54	1)8	4)4	7)35
9)45	1)9	6)54	6)12	3)18	9)72	5)15	6)24	8)8	2)16
1)6	4)12	7)7	2)6	7)63	4)16	8)48	3)12	6)30	1)5

140   *Saxon Math 5/4—Homeschool*

FACTS PRACTICE TEST

J | **90 Division Facts**
For use with Lesson 66

Name _____
Time _____

Divide.

56 ÷ 7 =	15 ÷ 3 =	12 ÷ 6 =	8 ÷ 2 =	63 ÷ 7 =	0 ÷ 4 =
14 ÷ 2 =	42 ÷ 6 =	6 ÷ 1 =	16 ÷ 8 =	20 ÷ 5 =	49 ÷ 7 =
36 ÷ 4 =	64 ÷ 8 =	0 ÷ 3 =	54 ÷ 9 =	4 ÷ 2 =	48 ÷ 8 =
18 ÷ 9 =	3 ÷ 1 =	35 ÷ 5 =	8 ÷ 4 =	72 ÷ 8 =	6 ÷ 6 =
0 ÷ 5 =	42 ÷ 7 =	2 ÷ 2 =	36 ÷ 9 =	7 ÷ 1 =	12 ÷ 3 =
16 ÷ 2 =	30 ÷ 5 =	0 ÷ 1 =	28 ÷ 7 =	4 ÷ 4 =	40 ÷ 8 =
3 ÷ 3 =	18 ÷ 6 =	63 ÷ 9 =	40 ÷ 5 =	10 ÷ 2 =	36 ÷ 6 =
32 ÷ 8 =	12 ÷ 4 =	18 ÷ 3 =	35 ÷ 7 =	8 ÷ 8 =	2 ÷ 1 =
45 ÷ 5 =	7 ÷ 7 =	27 ÷ 9 =	9 ÷ 1 =	48 ÷ 6 =	0 ÷ 7 =
4 ÷ 1 =	0 ÷ 9 =	24 ÷ 3 =	32 ÷ 4 =	5 ÷ 5 =	72 ÷ 9 =
20 ÷ 4 =	21 ÷ 7 =	0 ÷ 2 =	27 ÷ 3 =	8 ÷ 1 =	54 ÷ 6 =
15 ÷ 5 =	6 ÷ 3 =	28 ÷ 4 =	18 ÷ 2 =	24 ÷ 6 =	9 ÷ 9 =
56 ÷ 8 =	0 ÷ 6 =	21 ÷ 3 =	1 ÷ 1 =	25 ÷ 5 =	12 ÷ 2 =
5 ÷ 1 =	45 ÷ 9 =	16 ÷ 4 =	30 ÷ 6 =	9 ÷ 3 =	14 ÷ 7 =
0 ÷ 8 =	6 ÷ 2 =	24 ÷ 8 =	10 ÷ 5 =	81 ÷ 9 =	24 ÷ 4 =

Saxon Math 5/4—Homeschool

FACTS PRACTICE TEST

I **90 Division Facts**
For use with Lesson 67

Name _____
Time _____

Divide.

2)18	6)6	3)15	3)27	2)14	5)25	6)48	7)21	2)10	6)42
4)20	9)63	1)4	4)8	7)0	8)16	3)24	4)32	8)56	1)0
5)5	8)64	3)0	2)2	5)40	3)9	9)18	6)0	5)10	9)9
8)32	1)1	9)36	8)40	2)0	5)20	9)27	6)18	4)0	5)30
2)12	5)45	1)7	7)14	3)3	8)24	5)0	2)8	7)42	6)36
7)56	9)0	8)72	4)28	7)49	2)4	9)81	1)2	5)35	3)21
8)0	7)28	4)36	1)3	4)24	3)6	9)54	1)8	4)4	7)35
9)45	1)9	6)54	6)12	3)18	9)72	5)15	6)24	8)8	2)16
1)6	4)12	7)7	2)6	7)63	4)16	8)48	3)12	6)30	1)5

142   *Saxon Math 5/4—Homeschool*

FACTS PRACTICE TEST

I 90 Division Facts
For use with Lesson 68

Name _____

Time _____

Divide.

2)18	6)6	3)15	3)27	2)14	5)25	6)48	7)21	2)10	6)42
4)20	9)63	1)4	4)8	7)0	8)16	3)24	4)32	8)56	1)0
5)5	8)64	3)0	2)2	5)40	3)9	9)18	6)0	5)10	9)9
8)32	1)1	9)36	8)40	2)0	5)20	9)27	6)18	4)0	5)30
2)12	5)45	1)7	7)14	3)3	8)24	5)0	2)8	7)42	6)36
7)56	9)0	8)72	4)28	7)49	2)4	9)81	1)2	5)35	3)21
8)0	7)28	4)36	1)3	4)24	3)6	9)54	1)8	4)4	7)35
9)45	1)9	6)54	6)12	3)18	9)72	5)15	6)24	8)8	2)16
1)6	4)12	7)7	2)6	7)63	4)16	8)48	3)12	6)30	1)5

Saxon Math 5/4—Homeschool

FACTS PRACTICE TEST

I **90 Division Facts**
For use with Lesson 69

Name _____

Time _____

Divide.

2)18	6)6	3)15	3)27	2)14	5)25	6)48	7)21	2)10	6)42
4)20	9)63	1)4	4)8	7)0	8)16	3)24	4)32	8)56	1)0
5)5	8)64	3)0	2)2	5)40	3)9	9)18	6)0	5)10	9)9
8)32	1)1	9)36	8)40	2)0	5)20	9)27	6)18	4)0	5)30
2)12	5)45	1)7	7)14	3)3	8)24	5)0	2)8	7)42	6)36
7)56	9)0	8)72	4)28	7)49	2)4	9)81	1)2	5)35	3)21
8)0	7)28	4)36	1)3	4)24	3)6	9)54	1)8	4)4	7)35
9)45	1)9	6)54	6)12	3)18	9)72	5)15	6)24	8)8	2)16
1)6	4)12	7)7	2)6	7)63	4)16	8)48	3)12	6)30	1)5

144   *Saxon Math 5/4—Homeschool*

FACTS PRACTICE TEST

I 90 Division Facts
For use with Lesson 70

Name _____

Time _____

Divide.

2)18	6)6	3)15	3)27	2)14	5)25	6)48	7)21	2)10	6)42
4)20	9)63	1)4	4)8	7)0	8)16	3)24	4)32	8)56	1)0
5)5	8)64	3)0	2)2	5)40	3)9	9)18	6)0	5)10	9)9
8)32	1)1	9)36	8)40	2)0	5)20	9)27	6)18	4)0	5)30
2)12	5)45	1)7	7)14	3)3	8)24	5)0	2)8	7)42	6)36
7)56	9)0	8)72	4)28	7)49	2)4	9)81	1)2	5)35	3)21
8)0	7)28	4)36	1)3	4)24	3)6	9)54	1)8	4)4	7)35
9)45	1)9	6)54	6)12	3)18	9)72	5)15	6)24	8)8	2)16
1)6	4)12	7)7	2)6	7)63	4)16	8)48	3)12	6)30	1)5

Saxon Math 5/4—Homeschool

FACTS PRACTICE TEST

J **90 Division Facts**
For use with Test 13

Name _____
Time _____

Divide.

56 ÷ 7 =	15 ÷ 3 =	12 ÷ 6 =	8 ÷ 2 =	63 ÷ 7 =	0 ÷ 4 =
14 ÷ 2 =	42 ÷ 6 =	6 ÷ 1 =	16 ÷ 8 =	20 ÷ 5 =	49 ÷ 7 =
36 ÷ 4 =	64 ÷ 8 =	0 ÷ 3 =	54 ÷ 9 =	4 ÷ 2 =	48 ÷ 8 =
18 ÷ 9 =	3 ÷ 1 =	35 ÷ 5 =	8 ÷ 4 =	72 ÷ 8 =	6 ÷ 6 =
0 ÷ 5 =	42 ÷ 7 =	2 ÷ 2 =	36 ÷ 9 =	7 ÷ 1 =	12 ÷ 3 =
16 ÷ 2 =	30 ÷ 5 =	0 ÷ 1 =	28 ÷ 7 =	4 ÷ 4 =	40 ÷ 8 =
3 ÷ 3 =	18 ÷ 6 =	63 ÷ 9 =	40 ÷ 5 =	10 ÷ 2 =	36 ÷ 6 =
32 ÷ 8 =	12 ÷ 4 =	18 ÷ 3 =	35 ÷ 7 =	8 ÷ 8 =	2 ÷ 1 =
45 ÷ 5 =	7 ÷ 7 =	27 ÷ 9 =	9 ÷ 1 =	48 ÷ 6 =	0 ÷ 7 =
4 ÷ 1 =	0 ÷ 9 =	24 ÷ 3 =	32 ÷ 4 =	5 ÷ 5 =	72 ÷ 9 =
20 ÷ 4 =	21 ÷ 7 =	0 ÷ 2 =	27 ÷ 3 =	8 ÷ 1 =	54 ÷ 6 =
15 ÷ 5 =	6 ÷ 3 =	28 ÷ 4 =	18 ÷ 2 =	24 ÷ 6 =	9 ÷ 9 =
56 ÷ 8 =	0 ÷ 6 =	21 ÷ 3 =	1 ÷ 1 =	25 ÷ 5 =	12 ÷ 2 =
5 ÷ 1 =	45 ÷ 9 =	16 ÷ 4 =	30 ÷ 6 =	9 ÷ 3 =	14 ÷ 7 =
0 ÷ 8 =	6 ÷ 2 =	24 ÷ 8 =	10 ÷ 5 =	81 ÷ 9 =	24 ÷ 4 =

© Saxon Publishers, Inc., and Stephen Hake. Reproduction prohibited.

FACTS PRACTICE TEST

H **100 Multiplication Facts**
For use with Lesson 71

Name _____
Time _____

Multiply.

9 × 1	2 × 2	5 × 1	4 × 3	0 × 0	9 × 9	3 × 5	8 × 5	2 × 6	4 × 7
5 × 6	7 × 5	3 × 0	8 × 8	1 × 3	3 × 4	5 × 9	0 × 2	7 × 3	4 × 1
2 × 3	8 × 6	0 × 5	6 × 1	3 × 8	1 × 1	9 × 0	2 × 8	6 × 4	0 × 7
7 × 7	1 × 4	6 × 2	4 × 5	2 × 4	4 × 9	7 × 0	1 × 2	8 × 4	6 × 5
3 × 2	4 × 6	1 × 9	5 × 7	8 × 2	0 × 8	4 × 2	9 × 8	3 × 6	5 × 5
8 × 9	3 × 7	9 × 7	1 × 7	6 × 0	0 × 3	7 × 2	1 × 5	7 × 8	4 × 0
8 × 3	5 × 2	0 × 4	9 × 5	6 × 7	2 × 7	6 × 3	5 × 4	1 × 0	9 × 2
7 × 6	1 × 8	9 × 6	4 × 4	5 × 3	8 × 1	3 × 3	4 × 8	9 × 3	2 × 0
8 × 0	3 × 1	6 × 8	0 × 9	8 × 7	2 × 9	9 × 4	0 × 1	7 × 4	5 × 8
0 × 6	7 × 1	2 × 5	6 × 9	3 × 9	1 × 6	5 × 0	6 × 6	2 × 1	7 × 9

Saxon Math 5/4—Homeschool

FACTS PRACTICE TEST

H — **100 Multiplication Facts**
For use with Lesson 72

Name _____
Time _____

Multiply.

9 × 1	2 × 2	5 × 1	4 × 3	0 × 0	9 × 9	3 × 5	8 × 5	2 × 6	4 × 7
5 × 6	7 × 5	3 × 0	8 × 8	1 × 3	3 × 4	5 × 9	0 × 2	7 × 3	4 × 1
2 × 3	8 × 6	0 × 5	6 × 1	3 × 8	1 × 1	9 × 0	2 × 8	6 × 4	0 × 7
7 × 7	1 × 4	6 × 2	4 × 5	2 × 4	4 × 9	7 × 0	1 × 2	8 × 4	6 × 5
3 × 2	4 × 6	1 × 9	5 × 7	8 × 2	0 × 8	4 × 2	9 × 8	3 × 6	5 × 5
8 × 9	3 × 7	9 × 7	1 × 7	6 × 0	0 × 3	7 × 2	1 × 5	7 × 8	4 × 0
8 × 3	5 × 2	0 × 4	9 × 5	6 × 7	2 × 7	6 × 3	5 × 4	1 × 0	9 × 2
7 × 6	1 × 8	9 × 6	4 × 4	5 × 3	8 × 1	3 × 3	4 × 8	9 × 3	2 × 0
8 × 0	3 × 1	6 × 8	0 × 9	8 × 7	2 × 9	9 × 4	0 × 1	7 × 4	5 × 8
0 × 6	7 × 1	2 × 5	6 × 9	3 × 9	1 × 6	5 × 0	6 × 6	2 × 1	7 × 9

FACTS PRACTICE TEST

H — **100 Multiplication Facts**
For use with Lesson 73

Name _____
Time _____

Multiply.

9 × 1	2 × 2	5 × 1	4 × 3	0 × 0	9 × 9	3 × 5	8 × 5	2 × 6	4 × 7
5 × 6	7 × 5	3 × 0	8 × 8	1 × 3	3 × 4	5 × 9	0 × 2	7 × 3	4 × 1
2 × 3	8 × 6	0 × 5	6 × 1	3 × 8	1 × 1	9 × 0	2 × 8	6 × 4	0 × 7
7 × 7	1 × 4	6 × 2	4 × 5	2 × 4	4 × 9	7 × 0	1 × 2	8 × 4	6 × 5
3 × 2	4 × 6	1 × 9	5 × 7	8 × 2	0 × 8	4 × 2	9 × 8	3 × 6	5 × 5
8 × 9	3 × 7	9 × 7	1 × 7	6 × 0	0 × 3	7 × 2	1 × 5	7 × 8	4 × 0
8 × 3	5 × 2	0 × 4	9 × 5	6 × 7	2 × 7	6 × 3	5 × 4	1 × 0	9 × 2
7 × 6	1 × 8	9 × 6	4 × 4	5 × 3	8 × 1	3 × 3	4 × 8	9 × 3	2 × 0
8 × 0	3 × 1	6 × 8	0 × 9	8 × 7	2 × 9	9 × 4	0 × 1	7 × 4	5 × 8
0 × 6	7 × 1	2 × 5	6 × 9	3 × 9	1 × 6	5 × 0	6 × 6	2 × 1	7 × 9

Saxon Math 5/4 — Homeschool

FACTS PRACTICE TEST

H | **100 Multiplication Facts**
For use with Lesson 74

Name _____
Time _____

Multiply.

9 × 1	2 × 2	5 × 1	4 × 3	0 × 0	9 × 9	3 × 5	8 × 5	2 × 6	4 × 7
5 × 6	7 × 5	3 × 0	8 × 8	1 × 3	3 × 4	5 × 9	0 × 2	7 × 3	4 × 1
2 × 3	8 × 6	0 × 5	6 × 1	3 × 8	1 × 1	9 × 0	2 × 8	6 × 4	0 × 7
7 × 7	1 × 4	6 × 2	4 × 5	2 × 4	4 × 9	7 × 0	1 × 2	8 × 4	6 × 5
3 × 2	4 × 6	1 × 9	5 × 7	8 × 2	0 × 8	4 × 2	9 × 8	3 × 6	5 × 5
8 × 9	3 × 7	9 × 7	1 × 7	6 × 0	0 × 3	7 × 2	1 × 5	7 × 8	4 × 0
8 × 3	5 × 2	0 × 4	9 × 5	6 × 7	2 × 7	6 × 3	5 × 4	1 × 0	9 × 2
7 × 6	1 × 8	9 × 6	4 × 4	5 × 3	8 × 1	3 × 3	4 × 8	9 × 3	2 × 0
8 × 0	3 × 1	6 × 8	0 × 9	8 × 7	2 × 9	9 × 4	0 × 1	7 × 4	5 × 8
0 × 6	7 × 1	2 × 5	6 × 9	3 × 9	1 × 6	5 × 0	6 × 6	2 × 1	7 × 9

150   *Saxon Math 5/4—Homeschool*

FACTS PRACTICE TEST

H — **100 Multiplication Facts**
For use with Lesson 75

Name _____
Time _____

Multiply.

9 × 1	2 × 2	5 × 1	4 × 3	0 × 0	9 × 9	3 × 5	8 × 5	2 × 6	4 × 7
5 × 6	7 × 5	3 × 0	8 × 8	1 × 3	3 × 4	5 × 9	0 × 2	7 × 3	4 × 1
2 × 3	8 × 6	0 × 5	6 × 1	3 × 8	1 × 1	9 × 0	2 × 8	6 × 4	0 × 7
7 × 7	1 × 4	6 × 2	4 × 5	2 × 4	4 × 9	7 × 0	1 × 2	8 × 4	6 × 5
3 × 2	4 × 6	1 × 9	5 × 7	8 × 2	0 × 8	4 × 2	9 × 8	3 × 6	5 × 5
8 × 9	3 × 7	9 × 7	1 × 7	6 × 0	0 × 3	7 × 2	1 × 5	7 × 8	4 × 0
8 × 3	5 × 2	0 × 4	9 × 5	6 × 7	2 × 7	6 × 3	5 × 4	1 × 0	9 × 2
7 × 6	1 × 8	9 × 6	4 × 4	5 × 3	8 × 1	3 × 3	4 × 8	9 × 3	2 × 0
8 × 0	3 × 1	6 × 8	0 × 9	8 × 7	2 × 9	9 × 4	0 × 1	7 × 4	5 × 8
0 × 6	7 × 1	2 × 5	6 × 9	3 × 9	1 × 6	5 × 0	6 × 6	2 × 1	7 × 9

Saxon Math 5/4 — Homeschool

FACTS PRACTICE TEST

I 90 Division Facts
For use with Test 14

Name _____

Time _____

Divide.

2)18	6)6	3)15	3)27	2)14	5)25	6)48	7)21	2)10	6)42
4)20	9)63	1)4	4)8	7)0	8)16	3)24	4)32	8)56	1)0
5)5	8)64	3)0	2)2	5)40	3)9	9)18	6)0	5)10	9)9
8)32	1)1	9)36	8)40	2)0	5)20	9)27	6)18	4)0	5)30
2)12	5)45	1)7	7)14	3)3	8)24	5)0	2)8	7)42	6)36
7)56	9)0	8)72	4)28	7)49	2)4	9)81	1)2	5)35	3)21
8)0	7)28	4)36	1)3	4)24	3)6	9)54	1)8	4)4	7)35
9)45	1)9	6)54	6)12	3)18	9)72	5)15	6)24	8)8	2)16
1)6	4)12	7)7	2)6	7)63	4)16	8)48	3)12	6)30	1)5

152 *Saxon Math 5/4—Homeschool*

FACTS PRACTICE TEST

G | **64 Multiplication Facts**
For use with Lesson 76

Name _____

Time _____

Multiply.

4 × 6	8 × 8	5 × 7	6 × 3	5 × 6	4 × 3	9 × 8	7 × 5
2 × 6	5 × 9	3 × 3	9 × 2	9 × 4	2 × 5	7 × 6	4 × 8
5 × 2	7 × 8	2 × 3	6 × 8	3 × 7	8 × 5	6 × 2	5 × 5
3 × 4	7 × 3	5 × 8	4 × 2	6 × 4	2 × 8	4 × 4	8 × 2
2 × 2	7 × 4	3 × 8	8 × 6	2 × 9	8 × 4	9 × 3	6 × 9
6 × 7	4 × 5	7 × 2	9 × 6	7 × 9	5 × 4	3 × 2	9 × 7
4 × 7	9 × 5	3 × 6	8 × 7	3 × 5	2 × 4	7 × 7	8 × 9
8 × 3	2 × 7	6 × 5	4 × 9	3 × 9	6 × 6	9 × 9	5 × 3

Saxon Math 5/4—Homeschool

FACTS PRACTICE TEST

G | **64 Multiplication Facts**
For use with Lesson 77

Name _____
Time _____

Multiply.

4 × 6	8 × 8	5 × 7	6 × 3	5 × 6	4 × 3	9 × 8	7 × 5
2 × 6	5 × 9	3 × 3	9 × 2	9 × 4	2 × 5	7 × 6	4 × 8
5 × 2	7 × 8	2 × 3	6 × 8	3 × 7	8 × 5	6 × 2	5 × 5
3 × 4	7 × 3	5 × 8	4 × 2	6 × 4	2 × 8	4 × 4	8 × 2
2 × 2	7 × 4	3 × 8	8 × 6	2 × 9	8 × 4	9 × 3	6 × 9
6 × 7	4 × 5	7 × 2	9 × 6	7 × 9	5 × 4	3 × 2	9 × 7
4 × 7	9 × 5	3 × 6	8 × 7	3 × 5	2 × 4	7 × 7	8 × 9
8 × 3	2 × 7	6 × 5	4 × 9	3 × 9	6 × 6	9 × 9	5 × 3

154   *Saxon Math 5/4—Homeschool*

FACTS PRACTICE TEST

G | **64 Multiplication Facts**
For use with Lesson 78

Name _____
Time _____

Multiply.

4 × 6	8 × 8	5 × 7	6 × 3	5 × 6	4 × 3	9 × 8	7 × 5
2 × 6	5 × 9	3 × 3	9 × 2	9 × 4	2 × 5	7 × 6	4 × 8
5 × 2	7 × 8	2 × 3	6 × 8	3 × 7	8 × 5	6 × 2	5 × 5
3 × 4	7 × 3	5 × 8	4 × 2	6 × 4	2 × 8	4 × 4	8 × 2
2 × 2	7 × 4	3 × 8	8 × 6	2 × 9	8 × 4	9 × 3	6 × 9
6 × 7	4 × 5	7 × 2	9 × 6	7 × 9	5 × 4	3 × 2	9 × 7
4 × 7	9 × 5	3 × 6	8 × 7	3 × 5	2 × 4	7 × 7	8 × 9
8 × 3	2 × 7	6 × 5	4 × 9	3 × 9	6 × 6	9 × 9	5 × 3

Saxon Math 5/4—Homeschool

FACTS PRACTICE TEST

G — 64 Multiplication Facts
For use with Lesson 79

Name _____

Time _____

Multiply.

4 × 6	8 × 8	5 × 7	6 × 3	5 × 6	4 × 3	9 × 8	7 × 5
2 × 6	5 × 9	3 × 3	9 × 2	9 × 4	2 × 5	7 × 6	4 × 8
5 × 2	7 × 8	2 × 3	6 × 8	3 × 7	8 × 5	6 × 2	5 × 5
3 × 4	7 × 3	5 × 8	4 × 2	6 × 4	2 × 8	4 × 4	8 × 2
2 × 2	7 × 4	3 × 8	8 × 6	2 × 9	8 × 4	9 × 3	6 × 9
6 × 7	4 × 5	7 × 2	9 × 6	7 × 9	5 × 4	3 × 2	9 × 7
4 × 7	9 × 5	3 × 6	8 × 7	3 × 5	2 × 4	7 × 7	8 × 9
8 × 3	2 × 7	6 × 5	4 × 9	3 × 9	6 × 6	9 × 9	5 × 3

ACTIVITY SHEET

25 Lines of Symmetry
For use with Lesson 79

Name _____

Use a mirror to help you find one line of symmetry for each figure. Then draw the line.

1. 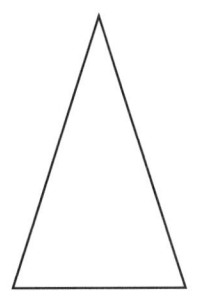 2.  3.

Use a mirror to help you find two lines of symmetry for each figure. Then draw the lines.

4. 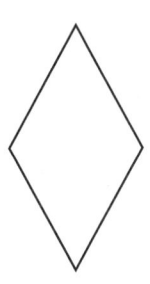 5. 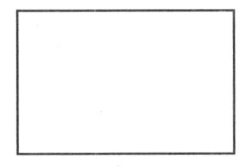 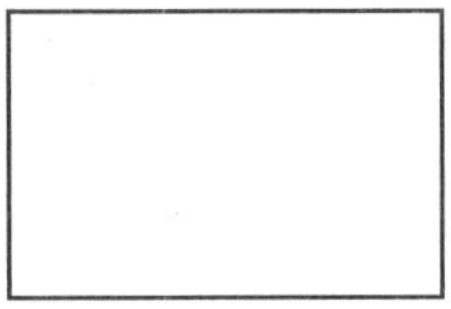 6.

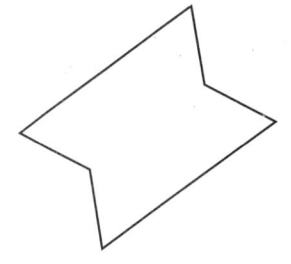

Use a mirror to help you find one, two, or more lines of symmetry for each figure. Then draw the lines. One figure has no lines of symmetry.

7.  B   8. 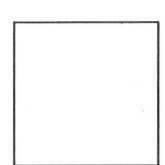   9.

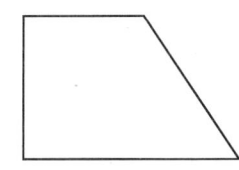

10.  H   11.    12.

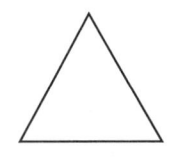

13. Describe what a line of symmetry is. Then draw a figure on the back of this paper that has at least one line of symmetry.

_____
_____
_____

Saxon Math 5/4—Homeschool 157

FACTS PRACTICE TEST

G — 64 Multiplication Facts
For use with Lesson 80

Name _____
Time _____

Multiply.

4 × 6	8 × 8	5 × 7	6 × 3	5 × 6	4 × 3	9 × 8	7 × 5
2 × 6	5 × 9	3 × 3	9 × 2	9 × 4	2 × 5	7 × 6	4 × 8
5 × 2	7 × 8	2 × 3	6 × 8	3 × 7	8 × 5	6 × 2	5 × 5
3 × 4	7 × 3	5 × 8	4 × 2	6 × 4	2 × 8	4 × 4	8 × 2
2 × 2	7 × 4	3 × 8	8 × 6	2 × 9	8 × 4	9 × 3	6 × 9
6 × 7	4 × 5	7 × 2	9 × 6	7 × 9	5 × 4	3 × 2	9 × 7
4 × 7	9 × 5	3 × 6	8 × 7	3 × 5	2 × 4	7 × 7	8 × 9
8 × 3	2 × 7	6 × 5	4 × 9	3 × 9	6 × 6	9 × 9	5 × 3

Saxon Math 5/4—Homeschool

FACTS PRACTICE TEST

H   **100 Multiplication Facts**
For use with Test 15

Name _____
Time _____

Multiply.

9 × 1	2 × 2	5 × 1	4 × 3	0 × 0	9 × 9	3 × 5	8 × 5	2 × 6	4 × 7
5 × 6	7 × 5	3 × 0	8 × 8	1 × 3	3 × 4	5 × 9	0 × 2	7 × 3	4 × 1
2 × 3	8 × 6	0 × 5	6 × 1	3 × 8	1 × 1	9 × 0	2 × 8	6 × 4	0 × 7
7 × 7	1 × 4	6 × 2	4 × 5	2 × 4	4 × 9	7 × 0	1 × 2	8 × 4	6 × 5
3 × 2	4 × 6	1 × 9	5 × 7	8 × 2	0 × 8	4 × 2	9 × 8	3 × 6	5 × 5
8 × 9	3 × 7	9 × 7	1 × 7	6 × 0	0 × 3	7 × 2	1 × 5	7 × 8	4 × 0
8 × 3	5 × 2	0 × 4	9 × 5	6 × 7	2 × 7	6 × 3	5 × 4	1 × 0	9 × 2
7 × 6	1 × 8	9 × 6	4 × 4	5 × 3	8 × 1	3 × 3	4 × 8	9 × 3	2 × 0
8 × 0	3 × 1	6 × 8	0 × 9	8 × 7	2 × 9	9 × 4	0 × 1	7 × 4	5 × 8
0 × 6	7 × 1	2 × 5	6 × 9	3 × 9	1 × 6	5 × 0	6 × 6	2 × 1	7 × 9

160   *Saxon Math 5/4—Homeschool*

ACTIVITY SHEET

26   Coordinate Grid
For use with Investigation 8

Name _____

1. Graph these points and draw segments to connect them in order.

1. (10, 5)	5. (10, 3)	9. (3, 3)	13. (2, 7)
2. (9, 7)	6. (5, 3)	10. (2, 3)	14. (4, 7)
3. (16, 4)	7. (4, 1)	11. (2, 5)	15. (5, 5)
4. (9, 1)	8. (2, 1)	12. (3, 5)	16. (10, 5)

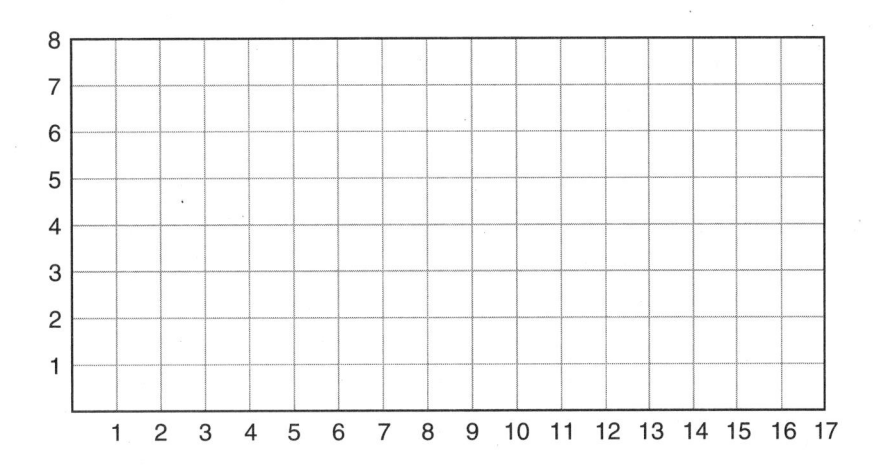

2. Create a straight-segment drawing on this grid. Make each corner of the drawing touch a corner of the grid. Then write the coordinates of each corner in an ordered list so that others can recreate your drawing.

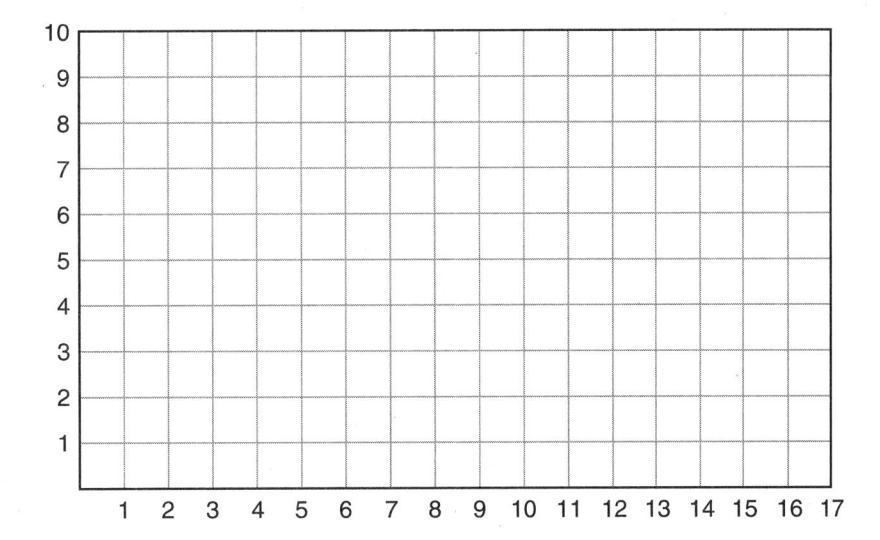

Saxon Math 5/4—Homeschool

FACTS PRACTICE TEST

I — 90 Division Facts
For use with Lesson 81

Name _____
Time _____

Divide.

2)18	6)6	3)15	3)27	2)14	5)25	6)48	7)21	2)10	6)42
4)20	9)63	1)4	4)8	7)0	8)16	3)24	4)32	8)56	1)0
5)5	8)64	3)0	2)2	5)40	3)9	9)18	6)0	5)10	9)9
8)32	1)1	9)36	8)40	2)0	5)20	9)27	6)18	4)0	5)30
2)12	5)45	1)7	7)14	3)3	8)24	5)0	2)8	7)42	6)36
7)56	9)0	8)72	4)28	7)49	2)4	9)81	1)2	5)35	3)21
8)0	7)28	4)36	1)3	4)24	3)6	9)54	1)8	4)4	7)35
9)45	1)9	6)54	6)12	3)18	9)72	5)15	6)24	8)8	2)16
1)6	4)12	7)7	2)6	7)63	4)16	8)48	3)12	6)30	1)5

Saxon Math 5/4 — Homeschool

FACTS PRACTICE TEST

I 90 Division Facts
For use with Lesson 82

Name _____

Time _____

Divide.

2)18	6)6	3)15	3)27	2)14	5)25	6)48	7)21	2)10	6)42
4)20	9)63	1)4	4)8	7)0	8)16	3)24	4)32	8)56	1)0
5)5	8)64	3)0	2)2	5)40	3)9	9)18	6)0	5)10	9)9
8)32	1)1	9)36	8)40	2)0	5)20	9)27	6)18	4)0	5)30
2)12	5)45	1)7	7)14	3)3	8)24	5)0	2)8	7)42	6)36
7)56	9)0	8)72	4)28	7)49	2)4	9)81	1)2	5)35	3)21
8)0	7)28	4)36	1)3	4)24	3)6	9)54	1)8	4)4	7)35
9)45	1)9	6)54	6)12	3)18	9)72	5)15	6)24	8)8	2)16
1)6	4)12	7)7	2)6	7)63	4)16	8)48	3)12	6)30	1)5

164 Saxon Math 5/4—Homeschool

ACTIVITY SHEET

27 | Tessellations
For use with Lesson 82

Carefully cut out these polygons. Form a tessellation using the triangles. Then form a tessellation using the quadrilaterals.

Saxon Math 5/4—Homeschool 165

FACTS PRACTICE TEST

I 90 Division Facts
For use with Lesson 83

Name _____

Time _____

Divide.

2)18	6)6	3)15	3)27	2)14	5)25	6)48	7)21	2)10	6)42
4)20	9)63	1)4	4)8	7)0	8)16	3)24	4)32	8)56	1)0
5)5	8)64	3)0	2)2	5)40	3)9	9)18	6)0	5)10	9)9
8)32	1)1	9)36	8)40	2)0	5)20	9)27	6)18	4)0	5)30
2)12	5)45	1)7	7)14	3)3	8)24	5)0	2)8	7)42	6)36
7)56	9)0	8)72	4)28	7)49	2)4	9)81	1)2	5)35	3)21
8)0	7)28	4)36	1)3	4)24	3)6	9)54	1)8	4)4	7)35
9)45	1)9	6)54	6)12	3)18	9)72	5)15	6)24	8)8	2)16
1)6	4)12	7)7	2)6	7)63	4)16	8)48	3)12	6)30	1)5

Saxon Math 5/4—Homeschool

FACTS PRACTICE TEST

I **90 Division Facts**
For use with Lesson 84

Name _____

Time _____

Divide.

2)18	6)6	3)15	3)27	2)14	5)25	6)48	7)21	2)10	6)42
4)20	9)63	1)4	4)8	7)0	8)16	3)24	4)32	8)56	1)0
5)5	8)64	3)0	2)2	5)40	3)9	9)18	6)0	5)10	9)9
8)32	1)1	9)36	8)40	2)0	5)20	9)27	6)18	4)0	5)30
2)12	5)45	1)7	7)14	3)3	8)24	5)0	2)8	7)42	6)36
7)56	9)0	8)72	4)28	7)49	2)4	9)81	1)2	5)35	3)21
8)0	7)28	4)36	1)3	4)24	3)6	9)54	1)8	4)4	7)35
9)45	1)9	6)54	6)12	3)18	9)72	5)15	6)24	8)8	2)16
1)6	4)12	7)7	2)6	7)63	4)16	8)48	3)12	6)30	1)5

FACTS PRACTICE TEST

G | **64 Multiplication Facts**
For use with Lesson 85

Name _____
Time _____

Multiply.

4 × 6	8 × 8	5 × 7	6 × 3	5 × 6	4 × 3	9 × 8	7 × 5
2 × 6	5 × 9	3 × 3	9 × 2	9 × 4	2 × 5	7 × 6	4 × 8
5 × 2	7 × 8	2 × 3	6 × 8	3 × 7	8 × 5	6 × 2	5 × 5
3 × 4	7 × 3	5 × 8	4 × 2	6 × 4	2 × 8	4 × 4	8 × 2
2 × 2	7 × 4	3 × 8	8 × 6	2 × 9	8 × 4	9 × 3	6 × 9
6 × 7	4 × 5	7 × 2	9 × 6	7 × 9	5 × 4	3 × 2	9 × 7
4 × 7	9 × 5	3 × 6	8 × 7	3 × 5	2 × 4	7 × 7	8 × 9
8 × 3	2 × 7	6 × 5	4 × 9	3 × 9	6 × 6	9 × 9	5 × 3

Saxon Math 5/4—Homeschool

FACTS PRACTICE TEST

G | **64 Multiplication Facts**
For use with Test 16

Name _____
Time _____

Multiply.

4 × 6	8 × 8	5 × 7	6 × 3	5 × 6	4 × 3	9 × 8	7 × 5
2 × 6	5 × 9	3 × 3	9 × 2	9 × 4	2 × 5	7 × 6	4 × 8
5 × 2	7 × 8	2 × 3	6 × 8	3 × 7	8 × 5	6 × 2	5 × 5
3 × 4	7 × 3	5 × 8	4 × 2	6 × 4	2 × 8	4 × 4	8 × 2
2 × 2	7 × 4	3 × 8	8 × 6	2 × 9	8 × 4	9 × 3	6 × 9
6 × 7	4 × 5	7 × 2	9 × 6	7 × 9	5 × 4	3 × 2	9 × 7
4 × 7	9 × 5	3 × 6	8 × 7	3 × 5	2 × 4	7 × 7	8 × 9
8 × 3	2 × 7	6 × 5	4 × 9	3 × 9	6 × 6	9 × 9	5 × 3

Saxon Math 5/4—Homeschool

FACTS PRACTICE TEST

G | **64 Multiplication Facts**
For use with Lesson 86

Name _____
Time _____

Multiply.

4 × 6	8 × 8	5 × 7	6 × 3	5 × 6	4 × 3	9 × 8	7 × 5
2 × 6	5 × 9	3 × 3	9 × 2	9 × 4	2 × 5	7 × 6	4 × 8
5 × 2	7 × 8	2 × 3	6 × 8	3 × 7	8 × 5	6 × 2	5 × 5
3 × 4	7 × 3	5 × 8	4 × 2	6 × 4	2 × 8	4 × 4	8 × 2
2 × 2	7 × 4	3 × 8	8 × 6	2 × 9	8 × 4	9 × 3	6 × 9
6 × 7	4 × 5	7 × 2	9 × 6	7 × 9	5 × 4	3 × 2	9 × 7
4 × 7	9 × 5	3 × 6	8 × 7	3 × 5	2 × 4	7 × 7	8 × 9
8 × 3	2 × 7	6 × 5	4 × 9	3 × 9	6 × 6	9 × 9	5 × 3

Saxon Math 5/4—Homeschool

FACTS PRACTICE TEST

G | **64 Multiplication Facts**
For use with Lesson 87

Name _____

Time _____

Multiply.

$\begin{array}{r}4\\ \times\,6\\ \hline\end{array}$	$\begin{array}{r}8\\ \times\,8\\ \hline\end{array}$	$\begin{array}{r}5\\ \times\,7\\ \hline\end{array}$	$\begin{array}{r}6\\ \times\,3\\ \hline\end{array}$	$\begin{array}{r}5\\ \times\,6\\ \hline\end{array}$	$\begin{array}{r}4\\ \times\,3\\ \hline\end{array}$	$\begin{array}{r}9\\ \times\,8\\ \hline\end{array}$	$\begin{array}{r}7\\ \times\,5\\ \hline\end{array}$
$\begin{array}{r}2\\ \times\,6\\ \hline\end{array}$	$\begin{array}{r}5\\ \times\,9\\ \hline\end{array}$	$\begin{array}{r}3\\ \times\,3\\ \hline\end{array}$	$\begin{array}{r}9\\ \times\,2\\ \hline\end{array}$	$\begin{array}{r}9\\ \times\,4\\ \hline\end{array}$	$\begin{array}{r}2\\ \times\,5\\ \hline\end{array}$	$\begin{array}{r}7\\ \times\,6\\ \hline\end{array}$	$\begin{array}{r}4\\ \times\,8\\ \hline\end{array}$
$\begin{array}{r}5\\ \times\,2\\ \hline\end{array}$	$\begin{array}{r}7\\ \times\,8\\ \hline\end{array}$	$\begin{array}{r}2\\ \times\,3\\ \hline\end{array}$	$\begin{array}{r}6\\ \times\,8\\ \hline\end{array}$	$\begin{array}{r}3\\ \times\,7\\ \hline\end{array}$	$\begin{array}{r}8\\ \times\,5\\ \hline\end{array}$	$\begin{array}{r}6\\ \times\,2\\ \hline\end{array}$	$\begin{array}{r}5\\ \times\,5\\ \hline\end{array}$
$\begin{array}{r}3\\ \times\,4\\ \hline\end{array}$	$\begin{array}{r}7\\ \times\,3\\ \hline\end{array}$	$\begin{array}{r}5\\ \times\,8\\ \hline\end{array}$	$\begin{array}{r}4\\ \times\,2\\ \hline\end{array}$	$\begin{array}{r}6\\ \times\,4\\ \hline\end{array}$	$\begin{array}{r}2\\ \times\,8\\ \hline\end{array}$	$\begin{array}{r}4\\ \times\,4\\ \hline\end{array}$	$\begin{array}{r}8\\ \times\,2\\ \hline\end{array}$
$\begin{array}{r}2\\ \times\,2\\ \hline\end{array}$	$\begin{array}{r}7\\ \times\,4\\ \hline\end{array}$	$\begin{array}{r}3\\ \times\,8\\ \hline\end{array}$	$\begin{array}{r}8\\ \times\,6\\ \hline\end{array}$	$\begin{array}{r}2\\ \times\,9\\ \hline\end{array}$	$\begin{array}{r}8\\ \times\,4\\ \hline\end{array}$	$\begin{array}{r}9\\ \times\,3\\ \hline\end{array}$	$\begin{array}{r}6\\ \times\,9\\ \hline\end{array}$
$\begin{array}{r}6\\ \times\,7\\ \hline\end{array}$	$\begin{array}{r}4\\ \times\,5\\ \hline\end{array}$	$\begin{array}{r}7\\ \times\,2\\ \hline\end{array}$	$\begin{array}{r}9\\ \times\,6\\ \hline\end{array}$	$\begin{array}{r}7\\ \times\,9\\ \hline\end{array}$	$\begin{array}{r}5\\ \times\,4\\ \hline\end{array}$	$\begin{array}{r}3\\ \times\,2\\ \hline\end{array}$	$\begin{array}{r}9\\ \times\,7\\ \hline\end{array}$
$\begin{array}{r}4\\ \times\,7\\ \hline\end{array}$	$\begin{array}{r}9\\ \times\,5\\ \hline\end{array}$	$\begin{array}{r}3\\ \times\,6\\ \hline\end{array}$	$\begin{array}{r}8\\ \times\,7\\ \hline\end{array}$	$\begin{array}{r}3\\ \times\,5\\ \hline\end{array}$	$\begin{array}{r}2\\ \times\,4\\ \hline\end{array}$	$\begin{array}{r}7\\ \times\,7\\ \hline\end{array}$	$\begin{array}{r}8\\ \times\,9\\ \hline\end{array}$
$\begin{array}{r}8\\ \times\,3\\ \hline\end{array}$	$\begin{array}{r}2\\ \times\,7\\ \hline\end{array}$	$\begin{array}{r}6\\ \times\,5\\ \hline\end{array}$	$\begin{array}{r}4\\ \times\,9\\ \hline\end{array}$	$\begin{array}{r}3\\ \times\,9\\ \hline\end{array}$	$\begin{array}{r}6\\ \times\,6\\ \hline\end{array}$	$\begin{array}{r}9\\ \times\,9\\ \hline\end{array}$	$\begin{array}{r}5\\ \times\,3\\ \hline\end{array}$

FACTS PRACTICE TEST

G | **64 Multiplication Facts**
For use with Lesson 88

Name _____
Time _____

Multiply.

4 × 6	8 × 8	5 × 7	6 × 3	5 × 6	4 × 3	9 × 8	7 × 5
2 × 6	5 × 9	3 × 3	9 × 2	9 × 4	2 × 5	7 × 6	4 × 8
5 × 2	7 × 8	2 × 3	6 × 8	3 × 7	8 × 5	6 × 2	5 × 5
3 × 4	7 × 3	5 × 8	4 × 2	6 × 4	2 × 8	4 × 4	8 × 2
2 × 2	7 × 4	3 × 8	8 × 6	2 × 9	8 × 4	9 × 3	6 × 9
6 × 7	4 × 5	7 × 2	9 × 6	7 × 9	5 × 4	3 × 2	9 × 7
4 × 7	9 × 5	3 × 6	8 × 7	3 × 5	2 × 4	7 × 7	8 × 9
8 × 3	2 × 7	6 × 5	4 × 9	3 × 9	6 × 6	9 × 9	5 × 3

Saxon Math 5/4—Homeschool

FACTS PRACTICE TEST

G — 64 Multiplication Facts
For use with Lesson 89

Name _____

Time _____

Multiply.

4 × 6	8 × 8	5 × 7	6 × 3	5 × 6	4 × 3	9 × 8	7 × 5
2 × 6	5 × 9	3 × 3	9 × 2	9 × 4	2 × 5	7 × 6	4 × 8
5 × 2	7 × 8	2 × 3	6 × 8	3 × 7	8 × 5	6 × 2	5 × 5
3 × 4	7 × 3	5 × 8	4 × 2	6 × 4	2 × 8	4 × 4	8 × 2
2 × 2	7 × 4	3 × 8	8 × 6	2 × 9	8 × 4	9 × 3	6 × 9
6 × 7	4 × 5	7 × 2	9 × 6	7 × 9	5 × 4	3 × 2	9 × 7
4 × 7	9 × 5	3 × 6	8 × 7	3 × 5	2 × 4	7 × 7	8 × 9
8 × 3	2 × 7	6 × 5	4 × 9	3 × 9	6 × 6	9 × 9	5 × 3

Saxon Math 5/4 — Homeschool

FACTS PRACTICE TEST

I — **90 Division Facts**
For use with Lesson 90

Name _____
Time _____

Divide.

2)18	6)6	3)15	3)27	2)14	5)25	6)48	7)21	2)10	6)42
4)20	9)63	1)4	4)8	7)0	8)16	3)24	4)32	8)56	1)0
5)5	8)64	3)0	2)2	5)40	3)9	9)18	6)0	5)10	9)9
8)32	1)1	9)36	8)40	2)0	5)20	9)27	6)18	4)0	5)30
2)12	5)45	1)7	7)14	3)3	8)24	5)0	2)8	7)42	6)36
7)56	9)0	8)72	4)28	7)49	2)4	9)81	1)2	5)35	3)21
8)0	7)28	4)36	1)3	4)24	3)6	9)54	1)8	4)4	7)35
9)45	1)9	6)54	6)12	3)18	9)72	5)15	6)24	8)8	2)16
1)6	4)12	7)7	2)6	7)63	4)16	8)48	3)12	6)30	1)5

Saxon Math 5/4—Homeschool

FACTS PRACTICE TEST

J **90 Division Facts**
For use with Test 17

Name _____

Time _____

Divide.

56 ÷ 7 =	15 ÷ 3 =	12 ÷ 6 =	8 ÷ 2 =	63 ÷ 7 =	0 ÷ 4 =
14 ÷ 2 =	42 ÷ 6 =	6 ÷ 1 =	16 ÷ 8 =	20 ÷ 5 =	49 ÷ 7 =
36 ÷ 4 =	64 ÷ 8 =	0 ÷ 3 =	54 ÷ 9 =	4 ÷ 2 =	48 ÷ 8 =
18 ÷ 9 =	3 ÷ 1 =	35 ÷ 5 =	8 ÷ 4 =	72 ÷ 8 =	6 ÷ 6 =
0 ÷ 5 =	42 ÷ 7 =	2 ÷ 2 =	36 ÷ 9 =	7 ÷ 1 =	12 ÷ 3 =
16 ÷ 2 =	30 ÷ 5 =	0 ÷ 1 =	28 ÷ 7 =	4 ÷ 4 =	40 ÷ 8 =
3 ÷ 3 =	18 ÷ 6 =	63 ÷ 9 =	40 ÷ 5 =	10 ÷ 2 =	36 ÷ 6 =
32 ÷ 8 =	12 ÷ 4 =	18 ÷ 3 =	35 ÷ 7 =	8 ÷ 8 =	2 ÷ 1 =
45 ÷ 5 =	7 ÷ 7 =	27 ÷ 9 =	9 ÷ 1 =	48 ÷ 6 =	0 ÷ 7 =
4 ÷ 1 =	0 ÷ 9 =	24 ÷ 3 =	32 ÷ 4 =	5 ÷ 5 =	72 ÷ 9 =
20 ÷ 4 =	21 ÷ 7 =	0 ÷ 2 =	27 ÷ 3 =	8 ÷ 1 =	54 ÷ 6 =
15 ÷ 5 =	6 ÷ 3 =	28 ÷ 4 =	18 ÷ 2 =	24 ÷ 6 =	9 ÷ 9 =
56 ÷ 8 =	0 ÷ 6 =	21 ÷ 3 =	1 ÷ 1 =	25 ÷ 5 =	12 ÷ 2 =
5 ÷ 1 =	45 ÷ 9 =	16 ÷ 4 =	30 ÷ 6 =	9 ÷ 3 =	14 ÷ 7 =
0 ÷ 8 =	6 ÷ 2 =	24 ÷ 8 =	10 ÷ 5 =	81 ÷ 9 =	24 ÷ 4 =

Saxon Math 5/4—Homeschool

ACTIVITY SHEET

28 | Halves
For use with Investigation 9

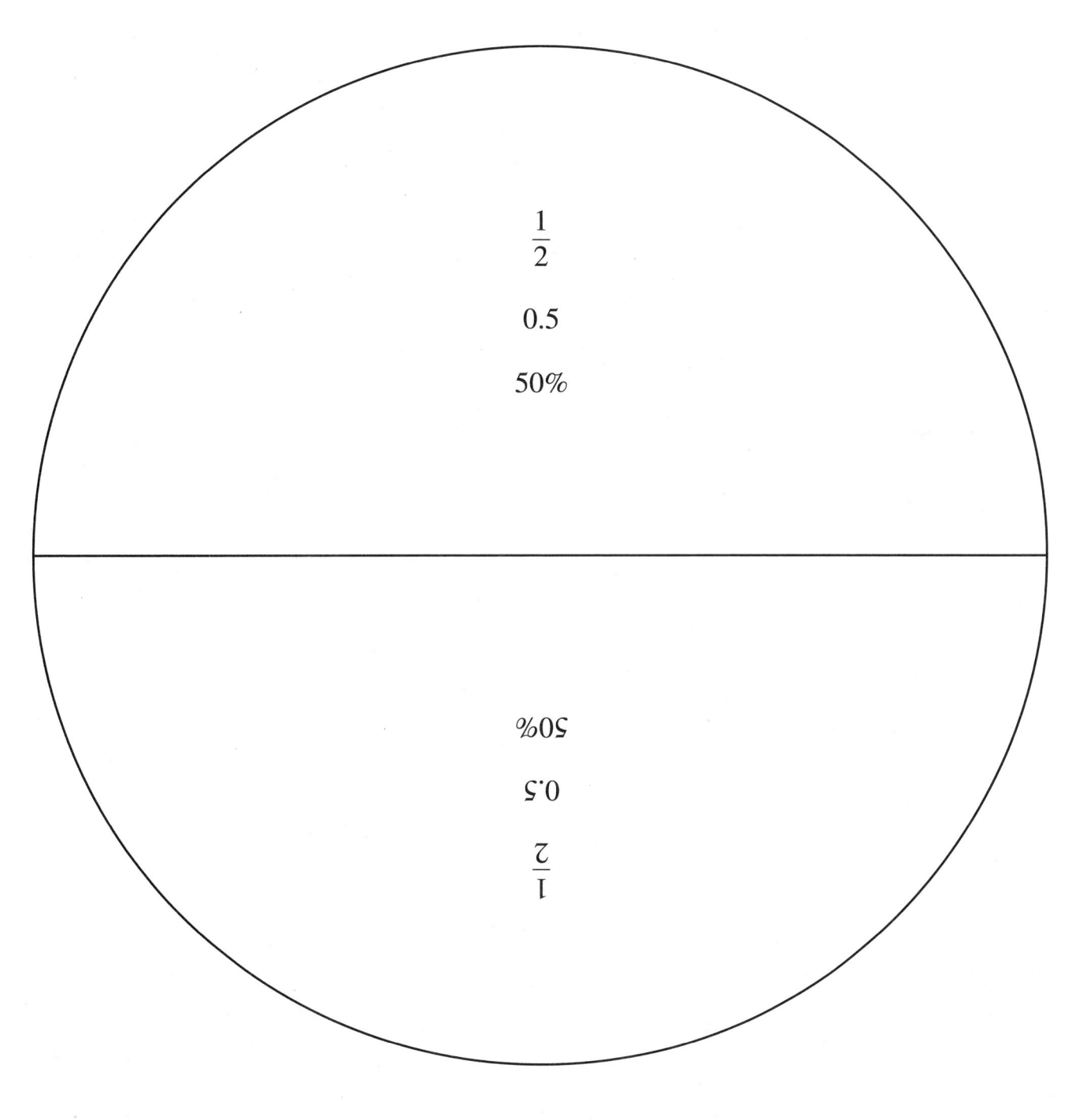

$$\frac{1}{2}$$

0.5

50%

50%

0.5

$$\frac{1}{2}$$

Saxon Math 5/4—Homeschool

ACTIVITY SHEET

29 | Fourths
For use with Investigation 9

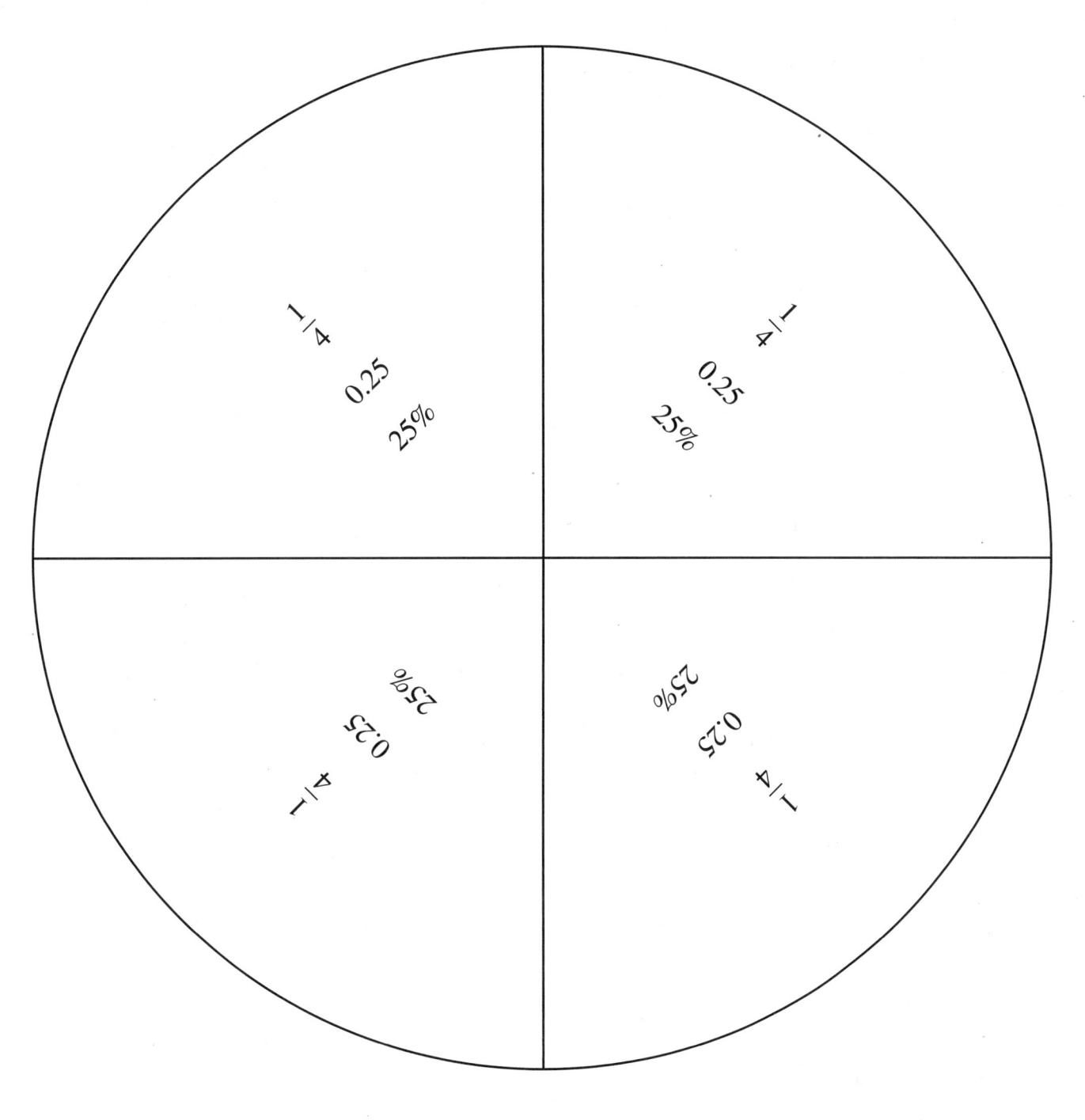

$\frac{1}{4}$
0.25
25%

$\frac{1}{4}$
0.25
25%

$\frac{1}{4}$
0.25
25%

$\frac{1}{4}$
0.25
25%

Saxon Math 5/4—Homeschool

ACTIVITY SHEET

30   Eighths
For use with Investigation 9

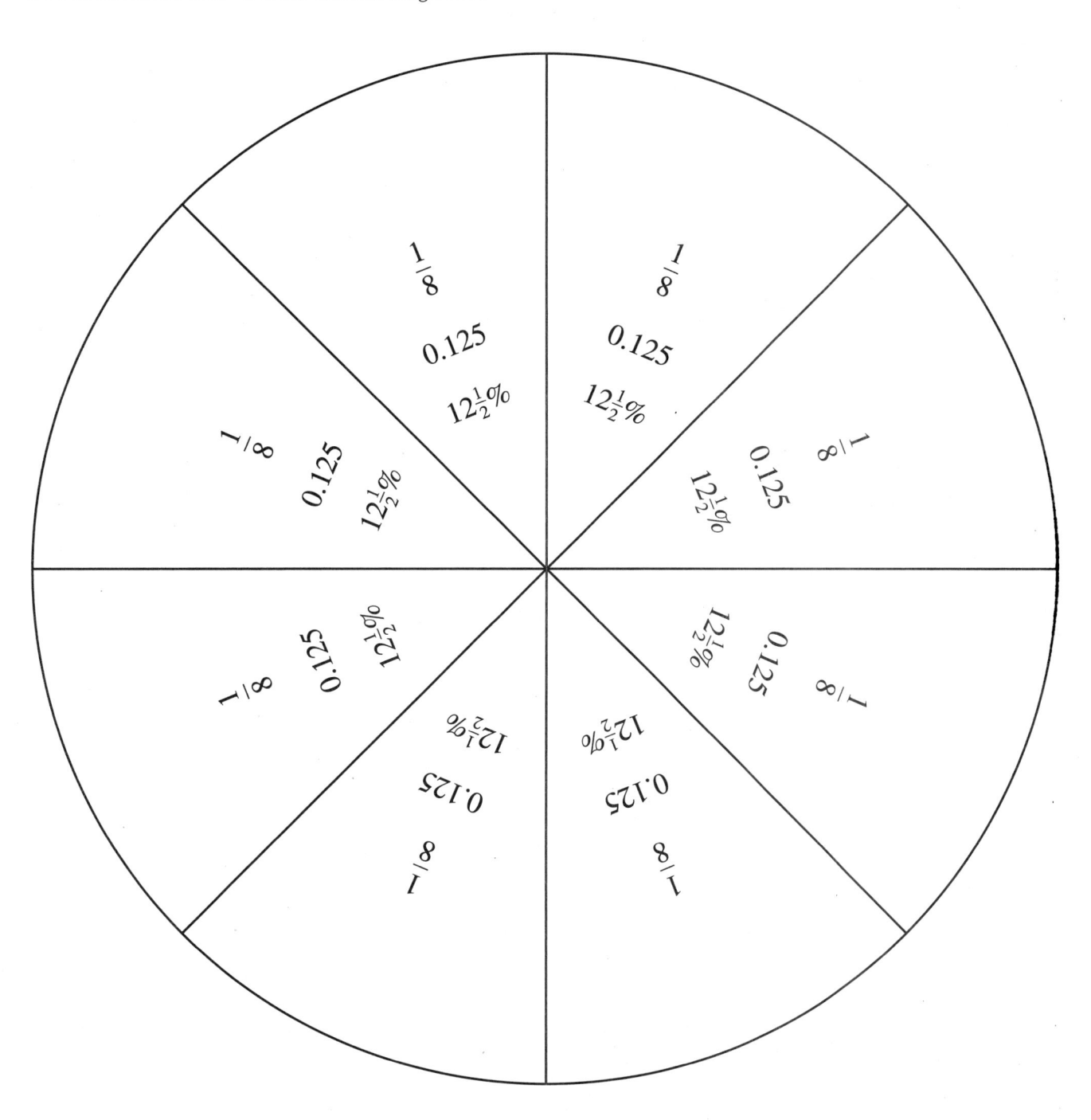

Each of the eight sectors of the circle is labeled:

$\frac{1}{8}$

0.125

$12\frac{1}{2}\%$

Saxon Math 5/4—Homeschool

181

FACTS PRACTICE TEST

I 90 Division Facts
For use with Lesson 91

Name _____

Time _____

Divide.

2)18	6)6	3)15	3)27	2)14	5)25	6)48	7)21	2)10	6)42
4)20	9)63	1)4	4)8	7)0	8)16	3)24	4)32	8)56	1)0
5)5	8)64	3)0	2)2	5)40	3)9	9)18	6)0	5)10	9)9
8)32	1)1	9)36	8)40	2)0	5)20	9)27	6)18	4)0	5)30
2)12	5)45	1)7	7)14	3)3	8)24	5)0	2)8	7)42	6)36
7)56	9)0	8)72	4)28	7)49	2)4	9)81	1)2	5)35	3)21
8)0	7)28	4)36	1)3	4)24	3)6	9)54	1)8	4)4	7)35
9)45	1)9	6)54	6)12	3)18	9)72	5)15	6)24	8)8	2)16
1)6	4)12	7)7	2)6	7)63	4)16	8)48	3)12	6)30	1)5

Saxon Math 5/4—Homeschool

FACTS PRACTICE TEST

I **90 Division Facts**
For use with Lesson 92

Name _____
Time _____

Divide.

2)18	6)6	3)15	3)27	2)14	5)25	6)48	7)21	2)10	6)42
4)20	9)63	1)4	4)8	7)0	8)16	3)24	4)32	8)56	1)0
5)5	8)64	3)0	2)2	5)40	3)9	9)18	6)0	5)10	9)9
8)32	1)1	9)36	8)40	2)0	5)20	9)27	6)18	4)0	5)30
2)12	5)45	1)7	7)14	3)3	8)24	5)0	2)8	7)42	6)36
7)56	9)0	8)72	4)28	7)49	2)4	9)81	1)2	5)35	3)21
8)0	7)28	4)36	1)3	4)24	3)6	9)54	1)8	4)4	7)35
9)45	1)9	6)54	6)12	3)18	9)72	5)15	6)24	8)8	2)16
1)6	4)12	7)7	2)6	7)63	4)16	8)48	3)12	6)30	1)5

184 Saxon Math 5/4—Homeschool

FACTS PRACTICE TEST

I   **90 Division Facts**
For use with Lesson 93

Name _____
Time _____

Divide.

2)18	6)6	3)15	3)27	2)14	5)25	6)48	7)21	2)10	6)42
4)20	9)63	1)4	4)8	7)0	8)16	3)24	4)32	8)56	1)0
5)5	8)64	3)0	2)2	5)40	3)9	9)18	6)0	5)10	9)9
8)32	1)1	9)36	8)40	2)0	5)20	9)27	6)18	4)0	5)30
2)12	5)45	1)7	7)14	3)3	8)24	5)0	2)8	7)42	6)36
7)56	9)0	8)72	4)28	7)49	2)4	9)81	1)2	5)35	3)21
8)0	7)28	4)36	1)3	4)24	3)6	9)54	1)8	4)4	7)35
9)45	1)9	6)54	6)12	3)18	9)72	5)15	6)24	8)8	2)16
1)6	4)12	7)7	2)6	7)63	4)16	8)48	3)12	6)30	1)5

Saxon Math 5/4—Homeschool

FACTS PRACTICE TEST

H — **100 Multiplication Facts**
For use with Lesson 94

Name _____
Time _____

Multiply.

9 × 1	2 × 2	5 × 1	4 × 3	0 × 0	9 × 9	3 × 5	8 × 5	2 × 6	4 × 7
5 × 6	7 × 5	3 × 0	8 × 8	1 × 3	3 × 4	5 × 9	0 × 2	7 × 3	4 × 1
2 × 3	8 × 6	0 × 5	6 × 1	3 × 8	1 × 1	9 × 0	2 × 8	6 × 4	0 × 7
7 × 7	1 × 4	6 × 2	4 × 5	2 × 4	4 × 9	7 × 0	1 × 2	8 × 4	6 × 5
3 × 2	4 × 6	1 × 9	5 × 7	8 × 2	0 × 8	4 × 2	9 × 8	3 × 6	5 × 5
8 × 9	3 × 7	9 × 7	1 × 7	6 × 0	0 × 3	7 × 2	1 × 5	7 × 8	4 × 0
8 × 3	5 × 2	0 × 4	9 × 5	6 × 7	2 × 7	6 × 3	5 × 4	1 × 0	9 × 2
7 × 6	1 × 8	9 × 6	4 × 4	5 × 3	8 × 1	3 × 3	4 × 8	9 × 3	2 × 0
8 × 0	3 × 1	6 × 8	0 × 9	8 × 7	2 × 9	9 × 4	0 × 1	7 × 4	5 × 8
0 × 6	7 × 1	2 × 5	6 × 9	3 × 9	1 × 6	5 × 0	6 × 6	2 × 1	7 × 9

Saxon Math 5/4 — Homeschool

FACTS PRACTICE TEST

H   **100 Multiplication Facts**
For use with Lesson 95

Name _____
Time _____

Multiply.

9 × 1	2 × 2	5 × 1	4 × 3	0 × 0	9 × 9	3 × 5	8 × 5	2 × 6	4 × 7
5 × 6	7 × 5	3 × 0	8 × 8	1 × 3	3 × 4	5 × 9	0 × 2	7 × 3	4 × 1
2 × 3	8 × 6	0 × 5	6 × 1	3 × 8	1 × 1	9 × 0	2 × 8	6 × 4	0 × 7
7 × 7	1 × 4	6 × 2	4 × 5	2 × 4	4 × 9	7 × 0	1 × 2	8 × 4	6 × 5
3 × 2	4 × 6	1 × 9	5 × 7	8 × 2	0 × 8	4 × 2	9 × 8	3 × 6	5 × 5
8 × 9	3 × 7	9 × 7	1 × 7	6 × 0	0 × 3	7 × 2	1 × 5	7 × 8	4 × 0
8 × 3	5 × 2	0 × 4	9 × 5	6 × 7	2 × 7	6 × 3	5 × 4	1 × 0	9 × 2
7 × 6	1 × 8	9 × 6	4 × 4	5 × 3	8 × 1	3 × 3	4 × 8	9 × 3	2 × 0
8 × 0	3 × 1	6 × 8	0 × 9	8 × 7	2 × 9	9 × 4	0 × 1	7 × 4	5 × 8
0 × 6	7 × 1	2 × 5	6 × 9	3 × 9	1 × 6	5 × 0	6 × 6	2 × 1	7 × 9

Saxon Math 5/4—Homeschool

FACTS PRACTICE TEST

G | **64 Multiplication Facts**
For use with Test 18

Name _____
Time _____

Multiply.

4 × 6	8 × 8	5 × 7	6 × 3	5 × 6	4 × 3	9 × 8	7 × 5
2 × 6	5 × 9	3 × 3	9 × 2	9 × 4	2 × 5	7 × 6	4 × 8
5 × 2	7 × 8	2 × 3	6 × 8	3 × 7	8 × 5	6 × 2	5 × 5
3 × 4	7 × 3	5 × 8	4 × 2	6 × 4	2 × 8	4 × 4	8 × 2
2 × 2	7 × 4	3 × 8	8 × 6	2 × 9	8 × 4	9 × 3	6 × 9
6 × 7	4 × 5	7 × 2	9 × 6	7 × 9	5 × 4	3 × 2	9 × 7
4 × 7	9 × 5	3 × 6	8 × 7	3 × 5	2 × 4	7 × 7	8 × 9
8 × 3	2 × 7	6 × 5	4 × 9	3 × 9	6 × 6	9 × 9	5 × 3

188   *Saxon Math 5/4—Homeschool*

FACTS PRACTICE TEST

H   **100 Multiplication Facts**
For use with Lesson 96

Name _____
Time _____

Multiply.

9 × 1	2 × 2	5 × 1	4 × 3	0 × 0	9 × 9	3 × 5	8 × 5	2 × 6	4 × 7
5 × 6	7 × 5	3 × 0	8 × 8	1 × 3	3 × 4	5 × 9	0 × 2	7 × 3	4 × 1
2 × 3	8 × 6	0 × 5	6 × 1	3 × 8	1 × 1	9 × 0	2 × 8	6 × 4	0 × 7
7 × 7	1 × 4	6 × 2	4 × 5	2 × 4	4 × 9	7 × 0	1 × 2	8 × 4	6 × 5
3 × 2	4 × 6	1 × 9	5 × 7	8 × 2	0 × 8	4 × 2	9 × 8	3 × 6	5 × 5
8 × 9	3 × 7	9 × 7	1 × 7	6 × 0	0 × 3	7 × 2	1 × 5	7 × 8	4 × 0
8 × 3	5 × 2	0 × 4	9 × 5	6 × 7	2 × 7	6 × 3	5 × 4	1 × 0	9 × 2
7 × 6	1 × 8	9 × 6	4 × 4	5 × 3	8 × 1	3 × 3	4 × 8	9 × 3	2 × 0
8 × 0	3 × 1	6 × 8	0 × 9	8 × 7	2 × 9	9 × 4	0 × 1	7 × 4	5 × 8
0 × 6	7 × 1	2 × 5	6 × 9	3 × 9	1 × 6	5 × 0	6 × 6	2 × 1	7 × 9

Saxon Math 5/4—Homeschool

FACTS PRACTICE TEST

H **100 Multiplication Facts**
For use with Lesson 97

Name _____
Time _____

Multiply.

9 × 1	2 × 2	5 × 1	4 × 3	0 × 0	9 × 9	3 × 5	8 × 5	2 × 6	4 × 7
5 × 6	7 × 5	3 × 0	8 × 8	1 × 3	3 × 4	5 × 9	0 × 2	7 × 3	4 × 1
2 × 3	8 × 6	0 × 5	6 × 1	3 × 8	1 × 1	9 × 0	2 × 8	6 × 4	0 × 7
7 × 7	1 × 4	6 × 2	4 × 5	2 × 4	4 × 9	7 × 0	1 × 2	8 × 4	6 × 5
3 × 2	4 × 6	1 × 9	5 × 7	8 × 2	0 × 8	4 × 2	9 × 8	3 × 6	5 × 5
8 × 9	3 × 7	9 × 7	1 × 7	6 × 0	0 × 3	7 × 2	1 × 5	7 × 8	4 × 0
8 × 3	5 × 2	0 × 4	9 × 5	6 × 7	2 × 7	6 × 3	5 × 4	1 × 0	9 × 2
7 × 6	1 × 8	9 × 6	4 × 4	5 × 3	8 × 1	3 × 3	4 × 8	9 × 3	2 × 0
8 × 0	3 × 1	6 × 8	0 × 9	8 × 7	2 × 9	9 × 4	0 × 1	7 × 4	5 × 8
0 × 6	7 × 1	2 × 5	6 × 9	3 × 9	1 × 6	5 × 0	6 × 6	2 × 1	7 × 9

Saxon Math 5/4—Homeschool

FACTS PRACTICE TEST

H — **100 Multiplication Facts**
For use with Lesson 98

Name _____
Time _____

Multiply.

9 × 1	2 × 2	5 × 1	4 × 3	0 × 0	9 × 9	3 × 5	8 × 5	2 × 6	4 × 7
5 × 6	7 × 5	3 × 0	8 × 8	1 × 3	3 × 4	5 × 9	0 × 2	7 × 3	4 × 1
2 × 3	8 × 6	0 × 5	6 × 1	3 × 8	1 × 1	9 × 0	2 × 8	6 × 4	0 × 7
7 × 7	1 × 4	6 × 2	4 × 5	2 × 4	4 × 9	7 × 0	1 × 2	8 × 4	6 × 5
3 × 2	4 × 6	1 × 9	5 × 7	8 × 2	0 × 8	4 × 2	9 × 8	3 × 6	5 × 5
8 × 9	3 × 7	9 × 7	1 × 7	6 × 0	0 × 3	7 × 2	1 × 5	7 × 8	4 × 0
8 × 3	5 × 2	0 × 4	9 × 5	6 × 7	2 × 7	6 × 3	5 × 4	1 × 0	9 × 2
7 × 6	1 × 8	9 × 6	4 × 4	5 × 3	8 × 1	3 × 3	4 × 8	9 × 3	2 × 0
8 × 0	3 × 1	6 × 8	0 × 9	8 × 7	2 × 9	9 × 4	0 × 1	7 × 4	5 × 8
0 × 6	7 × 1	2 × 5	6 × 9	3 × 9	1 × 6	5 × 0	6 × 6	2 × 1	7 × 9

Saxon Math 5/4—Homeschool

FACTS PRACTICE TEST

J   **90 Division Facts**
For use with Lesson 99

Name _____

Time _____

Divide.

56 ÷ 7 =	15 ÷ 3 =	12 ÷ 6 =	8 ÷ 2 =	63 ÷ 7 =	0 ÷ 4 =
14 ÷ 2 =	42 ÷ 6 =	6 ÷ 1 =	16 ÷ 8 =	20 ÷ 5 =	49 ÷ 7 =
36 ÷ 4 =	64 ÷ 8 =	0 ÷ 3 =	54 ÷ 9 =	4 ÷ 2 =	48 ÷ 8 =
18 ÷ 9 =	3 ÷ 1 =	35 ÷ 5 =	8 ÷ 4 =	72 ÷ 8 =	6 ÷ 6 =
0 ÷ 5 =	42 ÷ 7 =	2 ÷ 2 =	36 ÷ 9 =	7 ÷ 1 =	12 ÷ 3 =
16 ÷ 2 =	30 ÷ 5 =	0 ÷ 1 =	28 ÷ 7 =	4 ÷ 4 =	40 ÷ 8 =
3 ÷ 3 =	18 ÷ 6 =	63 ÷ 9 =	40 ÷ 5 =	10 ÷ 2 =	36 ÷ 6 =
32 ÷ 8 =	12 ÷ 4 =	18 ÷ 3 =	35 ÷ 7 =	8 ÷ 8 =	2 ÷ 1 =
45 ÷ 5 =	7 ÷ 7 =	27 ÷ 9 =	9 ÷ 1 =	48 ÷ 6 =	0 ÷ 7 =
4 ÷ 1 =	0 ÷ 9 =	24 ÷ 3 =	32 ÷ 4 =	5 ÷ 5 =	72 ÷ 9 =
20 ÷ 4 =	21 ÷ 7 =	0 ÷ 2 =	27 ÷ 3 =	8 ÷ 1 =	54 ÷ 6 =
15 ÷ 5 =	6 ÷ 3 =	28 ÷ 4 =	18 ÷ 2 =	24 ÷ 6 =	9 ÷ 9 =
56 ÷ 8 =	0 ÷ 6 =	21 ÷ 3 =	1 ÷ 1 =	25 ÷ 5 =	12 ÷ 2 =
5 ÷ 1 =	45 ÷ 9 =	16 ÷ 4 =	30 ÷ 6 =	9 ÷ 3 =	14 ÷ 7 =
0 ÷ 8 =	6 ÷ 2 =	24 ÷ 8 =	10 ÷ 5 =	81 ÷ 9 =	24 ÷ 4 =

Saxon Math 5/4—Homeschool

FACTS PRACTICE TEST

J | **90 Division Facts**
For use with Lesson 100

Name _____
Time _____

Divide.

56 ÷ 7 =	15 ÷ 3 =	12 ÷ 6 =	8 ÷ 2 =	63 ÷ 7 =	0 ÷ 4 =
14 ÷ 2 =	42 ÷ 6 =	6 ÷ 1 =	16 ÷ 8 =	20 ÷ 5 =	49 ÷ 7 =
36 ÷ 4 =	64 ÷ 8 =	0 ÷ 3 =	54 ÷ 9 =	4 ÷ 2 =	48 ÷ 8 =
18 ÷ 9 =	3 ÷ 1 =	35 ÷ 5 =	8 ÷ 4 =	72 ÷ 8 =	6 ÷ 6 =
0 ÷ 5 =	42 ÷ 7 =	2 ÷ 2 =	36 ÷ 9 =	7 ÷ 1 =	12 ÷ 3 =
16 ÷ 2 =	30 ÷ 5 =	0 ÷ 1 =	28 ÷ 7 =	4 ÷ 4 =	40 ÷ 8 =
3 ÷ 3 =	18 ÷ 6 =	63 ÷ 9 =	40 ÷ 5 =	10 ÷ 2 =	36 ÷ 6 =
32 ÷ 8 =	12 ÷ 4 =	18 ÷ 3 =	35 ÷ 7 =	8 ÷ 8 =	2 ÷ 1 =
45 ÷ 5 =	7 ÷ 7 =	27 ÷ 9 =	9 ÷ 1 =	48 ÷ 6 =	0 ÷ 7 =
4 ÷ 1 =	0 ÷ 9 =	24 ÷ 3 =	32 ÷ 4 =	5 ÷ 5 =	72 ÷ 9 =
20 ÷ 4 =	21 ÷ 7 =	0 ÷ 2 =	27 ÷ 3 =	8 ÷ 1 =	54 ÷ 6 =
15 ÷ 5 =	6 ÷ 3 =	28 ÷ 4 =	18 ÷ 2 =	24 ÷ 6 =	9 ÷ 9 =
56 ÷ 8 =	0 ÷ 6 =	21 ÷ 3 =	1 ÷ 1 =	25 ÷ 5 =	12 ÷ 2 =
5 ÷ 1 =	45 ÷ 9 =	16 ÷ 4 =	30 ÷ 6 =	9 ÷ 3 =	14 ÷ 7 =
0 ÷ 8 =	6 ÷ 2 =	24 ÷ 8 =	10 ÷ 5 =	81 ÷ 9 =	24 ÷ 4 =

Saxon Math 5/4—Homeschool

ACTIVITY SHEET

31 Cube Pattern
For use with Lesson 100

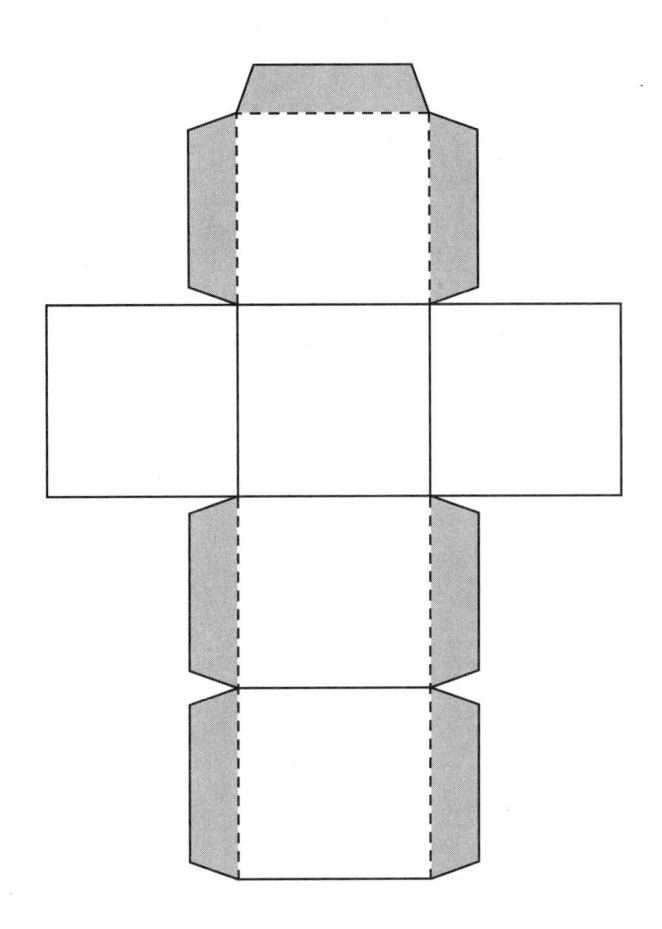

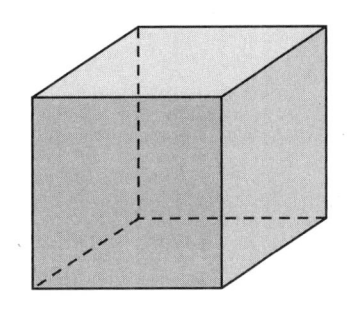

Saxon Math 5/4—Homeschool 195

ACTIVITY SHEET

32   Pyramid Pattern
For use with Lesson 100

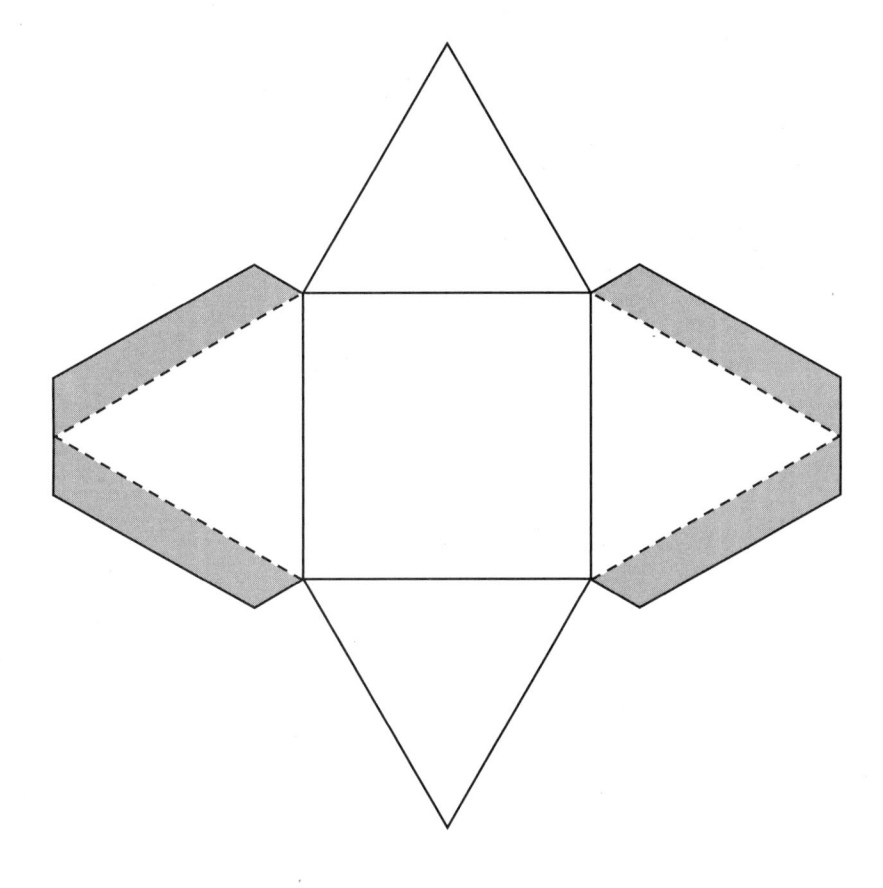

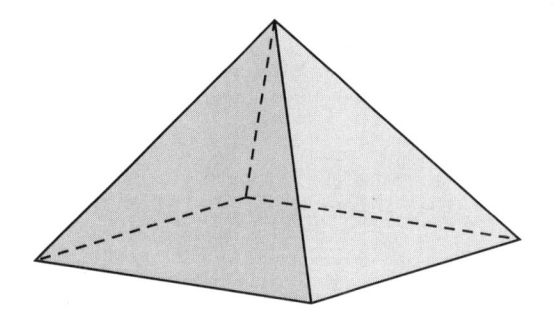

Saxon Math 5/4—Homeschool   197

ACTIVITY SHEET

33 | Cone Pattern
For use with Lesson 100

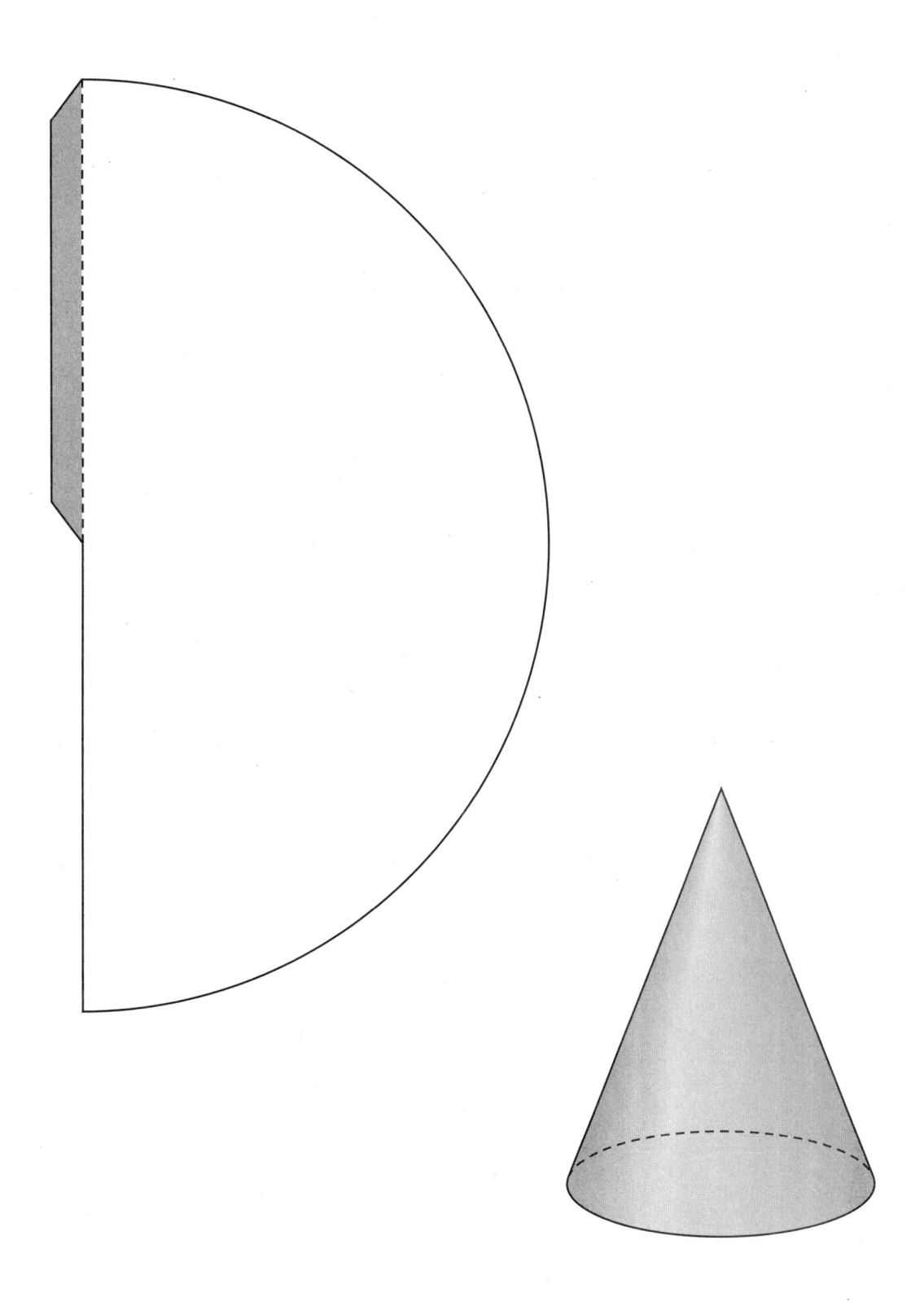

Saxon Math 5/4—Homeschool 199

FACTS PRACTICE TEST

I — 90 Division Facts
For use with Test 19

Name _____
Time _____

Divide.

2)18	6)6	3)15	3)27	2)14	5)25	6)48	7)21	2)10	6)42
4)20	9)63	1)4	4)8	7)0	8)16	3)24	4)32	8)56	1)0
5)5	8)64	3)0	2)2	5)40	3)9	9)18	6)0	5)10	9)9
8)32	1)1	9)36	8)40	2)0	5)20	9)27	6)18	4)0	5)30
2)12	5)45	1)7	7)14	3)3	8)24	5)0	2)8	7)42	6)36
7)56	9)0	8)72	4)28	7)49	2)4	9)81	1)2	5)35	3)21
8)0	7)28	4)36	1)3	4)24	3)6	9)54	1)8	4)4	7)35
9)45	1)9	6)54	6)12	3)18	9)72	5)15	6)24	8)8	2)16
1)6	4)12	7)7	2)6	7)63	4)16	8)48	3)12	6)30	1)5

Saxon Math 5/4—Homeschool 201

ACTIVITY SHEET

34 Probability Experiments
For use with Investigation 10

Name _____

Experiment 1

36 Rolls of One Dot Cube

Outcome	Prediction	Student Tally	Teacher Tally	Total Frequency
1				
2				
3				
4				
5				
6				

Experiment 2

36 Rolls of Two Dot Cubes

Outcome	Prediction	Student Tally	Teacher Tally	Total Frequency
2				
3				
4				
5				
6				
7				
8				
9				
10				
11				
12				

Saxon Math 5/4—Homeschool

FACTS PRACTICE TEST

J **90 Division Facts**
For use with Lesson 101

Name _____
Time _____

Divide.

56 ÷ 7 =	15 ÷ 3 =	12 ÷ 6 =	8 ÷ 2 =	63 ÷ 7 =	0 ÷ 4 =
14 ÷ 2 =	42 ÷ 6 =	6 ÷ 1 =	16 ÷ 8 =	20 ÷ 5 =	49 ÷ 7 =
36 ÷ 4 =	64 ÷ 8 =	0 ÷ 3 =	54 ÷ 9 =	4 ÷ 2 =	48 ÷ 8 =
18 ÷ 9 =	3 ÷ 1 =	35 ÷ 5 =	8 ÷ 4 =	72 ÷ 8 =	6 ÷ 6 =
0 ÷ 5 =	42 ÷ 7 =	2 ÷ 2 =	36 ÷ 9 =	7 ÷ 1 =	12 ÷ 3 =
16 ÷ 2 =	30 ÷ 5 =	0 ÷ 1 =	28 ÷ 7 =	4 ÷ 4 =	40 ÷ 8 =
3 ÷ 3 =	18 ÷ 6 =	63 ÷ 9 =	40 ÷ 5 =	10 ÷ 2 =	36 ÷ 6 =
32 ÷ 8 =	12 ÷ 4 =	18 ÷ 3 =	35 ÷ 7 =	8 ÷ 8 =	2 ÷ 1 =
45 ÷ 5 =	7 ÷ 7 =	27 ÷ 9 =	9 ÷ 1 =	48 ÷ 6 =	0 ÷ 7 =
4 ÷ 1 =	0 ÷ 9 =	24 ÷ 3 =	32 ÷ 4 =	5 ÷ 5 =	72 ÷ 9 =
20 ÷ 4 =	21 ÷ 7 =	0 ÷ 2 =	27 ÷ 3 =	8 ÷ 1 =	54 ÷ 6 =
15 ÷ 5 =	6 ÷ 3 =	28 ÷ 4 =	18 ÷ 2 =	24 ÷ 6 =	9 ÷ 9 =
56 ÷ 8 =	0 ÷ 6 =	21 ÷ 3 =	1 ÷ 1 =	25 ÷ 5 =	12 ÷ 2 =
5 ÷ 1 =	45 ÷ 9 =	16 ÷ 4 =	30 ÷ 6 =	9 ÷ 3 =	14 ÷ 7 =
0 ÷ 8 =	6 ÷ 2 =	24 ÷ 8 =	10 ÷ 5 =	81 ÷ 9 =	24 ÷ 4 =

Saxon Math 5/4—Homeschool

FACTS PRACTICE TEST

A **100 Addition Facts**
For use with Lesson 102

Name _____
Time _____

Add.

4 + 4	7 + 5	0 + 1	8 + 7	3 + 4	3 + 2	8 + 3	2 + 1	5 + 6	2 + 9
0 + 9	8 + 9	7 + 6	1 + 3	6 + 8	7 + 3	1 + 6	4 + 7	0 + 3	6 + 4
9 + 3	2 + 6	3 + 0	6 + 1	3 + 6	4 + 0	5 + 7	1 + 1	5 + 4	2 + 8
4 + 3	9 + 9	0 + 7	9 + 4	7 + 7	8 + 6	0 + 4	5 + 8	7 + 4	1 + 7
9 + 5	1 + 5	9 + 0	3 + 8	1 + 9	9 + 1	8 + 8	2 + 2	4 + 5	6 + 2
7 + 9	1 + 2	6 + 7	0 + 8	9 + 2	4 + 8	8 + 0	3 + 9	1 + 0	6 + 3
2 + 0	8 + 4	3 + 5	9 + 8	5 + 0	5 + 5	3 + 1	7 + 2	8 + 5	2 + 5
5 + 2	0 + 5	6 + 9	1 + 8	9 + 6	7 + 1	4 + 6	0 + 2	6 + 5	4 + 9
1 + 4	3 + 7	7 + 0	2 + 3	5 + 1	6 + 6	4 + 1	8 + 2	2 + 4	6 + 0
5 + 3	4 + 2	9 + 7	0 + 6	7 + 8	0 + 0	5 + 9	3 + 3	8 + 1	2 + 7

© Saxon Publishers, Inc., and Stephen Hake. Reproduction prohibited.

Saxon Math 5/4—Homeschool

FACTS PRACTICE TEST

A **100 Addition Facts**
For use with Lesson 103

Name _____
Time _____

Add.

4 + 4	7 + 5	0 + 1	8 + 7	3 + 4	3 + 2	8 + 3	2 + 1	5 + 6	2 + 9
0 + 9	8 + 9	7 + 6	1 + 3	6 + 8	7 + 3	1 + 6	4 + 7	0 + 3	6 + 4
9 + 3	2 + 6	3 + 0	6 + 1	3 + 6	4 + 0	5 + 7	1 + 1	5 + 4	2 + 8
4 + 3	9 + 9	0 + 7	9 + 4	7 + 7	8 + 6	0 + 4	5 + 8	7 + 4	1 + 7
9 + 5	1 + 5	9 + 0	3 + 8	1 + 9	9 + 1	8 + 8	2 + 2	4 + 5	6 + 2
7 + 9	1 + 2	6 + 7	0 + 8	9 + 2	4 + 8	8 + 0	3 + 9	1 + 0	6 + 3
2 + 0	8 + 4	3 + 5	9 + 8	5 + 0	5 + 5	3 + 1	7 + 2	8 + 5	2 + 5
5 + 2	0 + 5	6 + 9	1 + 8	9 + 6	7 + 1	4 + 6	0 + 2	6 + 5	4 + 9
1 + 4	3 + 7	7 + 0	2 + 3	5 + 1	6 + 6	4 + 1	8 + 2	2 + 4	6 + 0
5 + 3	4 + 2	9 + 7	0 + 6	7 + 8	0 + 0	5 + 9	3 + 3	8 + 1	2 + 7

Saxon Math 5/4—Homeschool

FACTS PRACTICE TEST

A | **100 Addition Facts**
For use with Lesson 104

Name _____
Time _____

Add.

4 + 4	7 + 5	0 + 1	8 + 7	3 + 4	3 + 2	8 + 3	2 + 1	5 + 6	2 + 9
0 + 9	8 + 9	7 + 6	1 + 3	6 + 8	7 + 3	1 + 6	4 + 7	0 + 3	6 + 4
9 + 3	2 + 6	3 + 0	6 + 1	3 + 6	4 + 0	5 + 7	1 + 1	5 + 4	2 + 8
4 + 3	9 + 9	0 + 7	9 + 4	7 + 7	8 + 6	0 + 4	5 + 8	7 + 4	1 + 7
9 + 5	1 + 5	9 + 0	3 + 8	1 + 9	9 + 1	8 + 8	2 + 2	4 + 5	6 + 2
7 + 9	1 + 2	6 + 7	0 + 8	9 + 2	4 + 8	8 + 0	3 + 9	1 + 0	6 + 3
2 + 0	8 + 4	3 + 5	9 + 8	5 + 0	5 + 5	3 + 1	7 + 2	8 + 5	2 + 5
5 + 2	0 + 5	6 + 9	1 + 8	9 + 6	7 + 1	4 + 6	0 + 2	6 + 5	4 + 9
1 + 4	3 + 7	7 + 0	2 + 3	5 + 1	6 + 6	4 + 1	8 + 2	2 + 4	6 + 0
5 + 3	4 + 2	9 + 7	0 + 6	7 + 8	0 + 0	5 + 9	3 + 3	8 + 1	2 + 7

208   *Saxon Math 5/4—Homeschool*

FACTS PRACTICE TEST

A **100 Addition Facts**
For use with Lesson 105

Name _____

Time _____

Add.

4 + 4	7 + 5	0 + 1	8 + 7	3 + 4	3 + 2	8 + 3	2 + 1	5 + 6	2 + 9
0 + 9	8 + 9	7 + 6	1 + 3	6 + 8	7 + 3	1 + 6	4 + 7	0 + 3	6 + 4
9 + 3	2 + 6	3 + 0	6 + 1	3 + 6	4 + 0	5 + 7	1 + 1	5 + 4	2 + 8
4 + 3	9 + 9	0 + 7	9 + 4	7 + 7	8 + 6	0 + 4	5 + 8	7 + 4	1 + 7
9 + 5	1 + 5	9 + 0	3 + 8	1 + 9	9 + 1	8 + 8	2 + 2	4 + 5	6 + 2
7 + 9	1 + 2	6 + 7	0 + 8	9 + 2	4 + 8	8 + 0	3 + 9	1 + 0	6 + 3
2 + 0	8 + 4	3 + 5	9 + 8	5 + 0	5 + 5	3 + 1	7 + 2	8 + 5	2 + 5
5 + 2	0 + 5	6 + 9	1 + 8	9 + 6	7 + 1	4 + 6	0 + 2	6 + 5	4 + 9
1 + 4	3 + 7	7 + 0	2 + 3	5 + 1	6 + 6	4 + 1	8 + 2	2 + 4	6 + 0
5 + 3	4 + 2	9 + 7	0 + 6	7 + 8	0 + 0	5 + 9	3 + 3	8 + 1	2 + 7

Saxon Math 5/4—Homeschool

FACTS PRACTICE TEST

H **100 Multiplication Facts**
For use with Test 20

Name _____
Time _____

Multiply.

9 × 1	2 × 2	5 × 1	4 × 3	0 × 0	9 × 9	3 × 5	8 × 5	2 × 6	4 × 7
5 × 6	7 × 5	3 × 0	8 × 8	1 × 3	3 × 4	5 × 9	0 × 2	7 × 3	4 × 1
2 × 3	8 × 6	0 × 5	6 × 1	3 × 8	1 × 1	9 × 0	2 × 8	6 × 4	0 × 7
7 × 7	1 × 4	6 × 2	4 × 5	2 × 4	4 × 9	7 × 0	1 × 2	8 × 4	6 × 5
3 × 2	4 × 6	1 × 9	5 × 7	8 × 2	0 × 8	4 × 2	9 × 8	3 × 6	5 × 5
8 × 9	3 × 7	9 × 7	1 × 7	6 × 0	0 × 3	7 × 2	1 × 5	7 × 8	4 × 0
8 × 3	5 × 2	0 × 4	9 × 5	6 × 7	2 × 7	6 × 3	5 × 4	1 × 0	9 × 2
7 × 6	1 × 8	9 × 6	4 × 4	5 × 3	8 × 1	3 × 3	4 × 8	9 × 3	2 × 0
8 × 0	3 × 1	6 × 8	0 × 9	8 × 7	2 × 9	9 × 4	0 × 1	7 × 4	5 × 8
0 × 6	7 × 1	2 × 5	6 × 9	3 × 9	1 × 6	5 × 0	6 × 6	2 × 1	7 × 9

Saxon Math 5/4—Homeschool

FACTS PRACTICE TEST

A **100 Addition Facts**
For use with Lesson 106

Name _____
Time _____

Add.

4 + 4	7 + 5	0 + 1	8 + 7	3 + 4	3 + 2	8 + 3	2 + 1	5 + 6	2 + 9
0 + 9	8 + 9	7 + 6	1 + 3	6 + 8	7 + 3	1 + 6	4 + 7	0 + 3	6 + 4
9 + 3	2 + 6	3 + 0	6 + 1	3 + 6	4 + 0	5 + 7	1 + 1	5 + 4	2 + 8
4 + 3	9 + 9	0 + 7	9 + 4	7 + 7	8 + 6	0 + 4	5 + 8	7 + 4	1 + 7
9 + 5	1 + 5	9 + 0	3 + 8	1 + 9	9 + 1	8 + 8	2 + 2	4 + 5	6 + 2
7 + 9	1 + 2	6 + 7	0 + 8	9 + 2	4 + 8	8 + 0	3 + 9	1 + 0	6 + 3
2 + 0	8 + 4	3 + 5	9 + 8	5 + 0	5 + 5	3 + 1	7 + 2	8 + 5	2 + 5
5 + 2	0 + 5	6 + 9	1 + 8	9 + 6	7 + 1	4 + 6	0 + 2	6 + 5	4 + 9
1 + 4	3 + 7	7 + 0	2 + 3	5 + 1	6 + 6	4 + 1	8 + 2	2 + 4	6 + 0
5 + 3	4 + 2	9 + 7	0 + 6	7 + 8	0 + 0	5 + 9	3 + 3	8 + 1	2 + 7

Saxon Math 5/4—Homeschool

FACTS PRACTICE TEST

B **100 Subtraction Facts**
For use with Lesson 107

Name _____
Time _____

Subtract.

7 − 0	10 − 8	6 − 3	14 − 5	3 − 1	16 − 9	7 − 1	18 − 9	11 − 3	13 − 7
13 − 8	7 − 4	10 − 7	0 − 0	12 − 8	10 − 9	6 − 2	13 − 4	4 − 0	10 − 5
5 − 3	7 − 5	2 − 1	6 − 6	8 − 4	7 − 2	14 − 7	8 − 1	11 − 6	3 − 3
1 − 1	11 − 9	10 − 4	9 − 2	14 − 6	17 − 8	6 − 0	10 − 6	4 − 1	9 − 5
7 − 7	14 − 8	12 − 9	9 − 8	12 − 7	12 − 3	16 − 8	9 − 1	15 − 6	11 − 4
8 − 6	15 − 9	11 − 8	3 − 2	4 − 4	8 − 2	11 − 5	5 − 0	17 − 9	6 − 1
5 − 5	4 − 3	8 − 7	7 − 3	7 − 6	5 − 1	10 − 3	12 − 6	10 − 1	6 − 4
2 − 2	13 − 6	15 − 8	2 − 0	13 − 9	16 − 7	5 − 2	12 − 4	3 − 0	11 − 7
8 − 0	9 − 4	10 − 2	6 − 5	8 − 3	9 − 0	5 − 4	12 − 5	4 − 2	9 − 3
9 − 9	15 − 7	8 − 8	14 − 9	9 − 7	13 − 5	1 − 0	8 − 5	9 − 6	11 − 2

212 *Saxon Math 5/4—Homeschool*

FACTS PRACTICE TEST

B   **100 Subtraction Facts**
For use with Lesson 108

Name _____
Time _____

Subtract.

7 − 0	10 − 8	6 − 3	14 − 5	3 − 1	16 − 9	7 − 1	18 − 9	11 − 3	13 − 7
13 − 8	7 − 4	10 − 7	0 − 0	12 − 8	10 − 9	6 − 2	13 − 4	4 − 0	10 − 5
5 − 3	7 − 5	2 − 1	6 − 6	8 − 4	7 − 2	14 − 7	8 − 1	11 − 6	3 − 3
1 − 1	11 − 9	10 − 4	9 − 2	14 − 6	17 − 8	6 − 0	10 − 6	4 − 1	9 − 5
7 − 7	14 − 8	12 − 9	9 − 8	12 − 7	12 − 3	16 − 8	9 − 1	15 − 6	11 − 4
8 − 6	15 − 9	11 − 8	3 − 2	4 − 4	8 − 2	11 − 5	5 − 0	17 − 9	6 − 1
5 − 5	4 − 3	8 − 7	7 − 3	7 − 6	5 − 1	10 − 3	12 − 6	10 − 1	6 − 4
2 − 2	13 − 6	15 − 8	2 − 0	13 − 9	16 − 7	5 − 2	12 − 4	3 − 0	11 − 7
8 − 0	9 − 4	10 − 2	6 − 5	8 − 3	9 − 0	5 − 4	12 − 5	4 − 2	9 − 3
9 − 9	15 − 7	8 − 8	14 − 9	9 − 7	13 − 5	1 − 0	8 − 5	9 − 6	11 − 2

Saxon Math 5/4—Homeschool

FACTS PRACTICE TEST

B **100 Subtraction Facts**
For use with Lesson 109

Name _____
Time _____

Subtract.

7 − 0	10 − 8	6 − 3	14 − 5	3 − 1	16 − 9	7 − 1	18 − 9	11 − 3	13 − 7
13 − 8	7 − 4	10 − 7	0 − 0	12 − 8	10 − 9	6 − 2	13 − 4	4 − 0	10 − 5
5 − 3	7 − 5	2 − 1	6 − 6	8 − 4	7 − 2	14 − 7	8 − 1	11 − 6	3 − 3
1 − 1	11 − 9	10 − 4	9 − 2	14 − 6	17 − 8	6 − 0	10 − 6	4 − 1	9 − 5
7 − 7	14 − 8	12 − 9	9 − 8	12 − 7	12 − 3	16 − 8	9 − 1	15 − 6	11 − 4
8 − 6	15 − 9	11 − 8	3 − 2	4 − 4	8 − 2	11 − 5	5 − 0	17 − 9	6 − 1
5 − 5	4 − 3	8 − 7	7 − 3	7 − 6	5 − 1	10 − 3	12 − 6	10 − 1	6 − 4
2 − 2	13 − 6	15 − 8	2 − 0	13 − 9	16 − 7	5 − 2	12 − 4	3 − 0	11 − 7
8 − 0	9 − 4	10 − 2	6 − 5	8 − 3	9 − 0	5 − 4	12 − 5	4 − 2	9 − 3
9 − 9	15 − 7	8 − 8	14 − 9	9 − 7	13 − 5	1 − 0	8 − 5	9 − 6	11 − 2

214 *Saxon Math 5/4—Homeschool*

FACTS PRACTICE TEST

B **100 Subtraction Facts**
For use with Lesson 110

Name _____
Time _____

Subtract.

7 − 0	10 − 8	6 − 3	14 − 5	3 − 1	16 − 9	7 − 1	18 − 9	11 − 3	13 − 7
13 − 8	7 − 4	10 − 7	0 − 0	12 − 8	10 − 9	6 − 2	13 − 4	4 − 0	10 − 5
5 − 3	7 − 5	2 − 1	6 − 6	8 − 4	7 − 2	14 − 7	8 − 1	11 − 6	3 − 3
1 − 1	11 − 9	10 − 4	9 − 2	14 − 6	17 − 8	6 − 0	10 − 6	4 − 1	9 − 5
7 − 7	14 − 8	12 − 9	9 − 8	12 − 7	12 − 3	16 − 8	9 − 1	15 − 6	11 − 4
8 − 6	15 − 9	11 − 8	3 − 2	4 − 4	8 − 2	11 − 5	5 − 0	17 − 9	6 − 1
5 − 5	4 − 3	8 − 7	7 − 3	7 − 6	5 − 1	10 − 3	12 − 6	10 − 1	6 − 4
2 − 2	13 − 6	15 − 8	2 − 0	13 − 9	16 − 7	5 − 2	12 − 4	3 − 0	11 − 7
8 − 0	9 − 4	10 − 2	6 − 5	8 − 3	9 − 0	5 − 4	12 − 5	4 − 2	9 − 3
9 − 9	15 − 7	8 − 8	14 − 9	9 − 7	13 − 5	1 − 0	8 − 5	9 − 6	11 − 2

Saxon Math 5/4—Homeschool

FACTS PRACTICE TEST

A   **100 Addition Facts**
For use with Test 21

Name _____

Time _____

Add.

4 + 4	7 + 5	0 + 1	8 + 7	3 + 4	3 + 2	8 + 3	2 + 1	5 + 6	2 + 9
0 + 9	8 + 9	7 + 6	1 + 3	6 + 8	7 + 3	1 + 6	4 + 7	0 + 3	6 + 4
9 + 3	2 + 6	3 + 0	6 + 1	3 + 6	4 + 0	5 + 7	1 + 1	5 + 4	2 + 8
4 + 3	9 + 9	0 + 7	9 + 4	7 + 7	8 + 6	0 + 4	5 + 8	7 + 4	1 + 7
9 + 5	1 + 5	9 + 0	3 + 8	1 + 9	9 + 1	8 + 8	2 + 2	4 + 5	6 + 2
7 + 9	1 + 2	6 + 7	0 + 8	9 + 2	4 + 8	8 + 0	3 + 9	1 + 0	6 + 3
2 + 0	8 + 4	3 + 5	9 + 8	5 + 0	5 + 5	3 + 1	7 + 2	8 + 5	2 + 5
5 + 2	0 + 5	6 + 9	1 + 8	9 + 6	7 + 1	4 + 6	0 + 2	6 + 5	4 + 9
1 + 4	3 + 7	7 + 0	2 + 3	5 + 1	6 + 6	4 + 1	8 + 2	2 + 4	6 + 0
5 + 3	4 + 2	9 + 7	0 + 6	7 + 8	0 + 0	5 + 9	3 + 3	8 + 1	2 + 7

Saxon Math 5/4—Homeschool

FACTS PRACTICE TEST

G | **64 Multiplication Facts**
For use with Lesson 111

Name _____
Time _____

Multiply.

4 × 6	8 × 8	5 × 7	6 × 3	5 × 6	4 × 3	9 × 8	7 × 5
2 × 6	5 × 9	3 × 3	9 × 2	9 × 4	2 × 5	7 × 6	4 × 8
5 × 2	7 × 8	2 × 3	6 × 8	3 × 7	8 × 5	6 × 2	5 × 5
3 × 4	7 × 3	5 × 8	4 × 2	6 × 4	2 × 8	4 × 4	8 × 2
2 × 2	7 × 4	3 × 8	8 × 6	2 × 9	8 × 4	9 × 3	6 × 9
6 × 7	4 × 5	7 × 2	9 × 6	7 × 9	5 × 4	3 × 2	9 × 7
4 × 7	9 × 5	3 × 6	8 × 7	3 × 5	2 × 4	7 × 7	8 × 9
8 × 3	2 × 7	6 × 5	4 × 9	3 × 9	6 × 6	9 × 9	5 × 3

Saxon Math 5/4—Homeschool

ACTIVITY SHEET

35 | 1-Inch Grid
For use with Lesson 111

Name _____

Saxon Math 5/4—Homeschool 219

FACTS PRACTICE TEST

G | **64 Multiplication Facts**
For use with Lesson 112

Name _____
Time _____

Multiply.

4 × 6	8 × 8	5 × 7	6 × 3	5 × 6	4 × 3	9 × 8	7 × 5
2 × 6	5 × 9	3 × 3	9 × 2	9 × 4	2 × 5	7 × 6	4 × 8
5 × 2	7 × 8	2 × 3	6 × 8	3 × 7	8 × 5	6 × 2	5 × 5
3 × 4	7 × 3	5 × 8	4 × 2	6 × 4	2 × 8	4 × 4	8 × 2
2 × 2	7 × 4	3 × 8	8 × 6	2 × 9	8 × 4	9 × 3	6 × 9
6 × 7	4 × 5	7 × 2	9 × 6	7 × 9	5 × 4	3 × 2	9 × 7
4 × 7	9 × 5	3 × 6	8 × 7	3 × 5	2 × 4	7 × 7	8 × 9
8 × 3	2 × 7	6 × 5	4 × 9	3 × 9	6 × 6	9 × 9	5 × 3

Saxon Math 5/4—Homeschool   221

FACTS PRACTICE TEST

I — 90 Division Facts
For use with Lesson 113

Name _____
Time _____

Divide.

2)18	6)6	3)15	3)27	2)14	5)25	6)48	7)21	2)10	6)42
4)20	9)63	1)4	4)8	7)0	8)16	3)24	4)32	8)56	1)0
5)5	8)64	3)0	2)2	5)40	3)9	9)18	6)0	5)10	9)9
8)32	1)1	9)36	8)40	2)0	5)20	9)27	6)18	4)0	5)30
2)12	5)45	1)7	7)14	3)3	8)24	5)0	2)8	7)42	6)36
7)56	9)0	8)72	4)28	7)49	2)4	9)81	1)2	5)35	3)21
8)0	7)28	4)36	1)3	4)24	3)6	9)54	1)8	4)4	7)35
9)45	1)9	6)54	6)12	3)18	9)72	5)15	6)24	8)8	2)16
1)6	4)12	7)7	2)6	7)63	4)16	8)48	3)12	6)30	1)5

222 Saxon Math 5/4—Homeschool

FACTS PRACTICE TEST

H   **100 Multiplication Facts**
For use with Lesson 114

Name _____
Time _____

Multiply.

9 × 1	2 × 2	5 × 1	4 × 3	0 × 0	9 × 9	3 × 5	8 × 5	2 × 6	4 × 7
5 × 6	7 × 5	3 × 0	8 × 8	1 × 3	3 × 4	5 × 9	0 × 2	7 × 3	4 × 1
2 × 3	8 × 6	0 × 5	6 × 1	3 × 8	1 × 1	9 × 0	2 × 8	6 × 4	0 × 7
7 × 7	1 × 4	6 × 2	4 × 5	2 × 4	4 × 9	7 × 0	1 × 2	8 × 4	6 × 5
3 × 2	4 × 6	1 × 9	5 × 7	8 × 2	0 × 8	4 × 2	9 × 8	3 × 6	5 × 5
8 × 9	3 × 7	9 × 7	1 × 7	6 × 0	0 × 3	7 × 2	1 × 5	7 × 8	4 × 0
8 × 3	5 × 2	0 × 4	9 × 5	6 × 7	2 × 7	6 × 3	5 × 4	1 × 0	9 × 2
7 × 6	1 × 8	9 × 6	4 × 4	5 × 3	8 × 1	3 × 3	4 × 8	9 × 3	2 × 0
8 × 0	3 × 1	6 × 8	0 × 9	8 × 7	2 × 9	9 × 4	0 × 1	7 × 4	5 × 8
0 × 6	7 × 1	2 × 5	6 × 9	3 × 9	1 × 6	5 × 0	6 × 6	2 × 1	7 × 9

Saxon Math 5/4—Homeschool

FACTS PRACTICE TEST

H **100 Multiplication Facts**
For use with Lesson 115

Name _____
Time _____

Multiply.

9 × 1	2 × 2	5 × 1	4 × 3	0 × 0	9 × 9	3 × 5	8 × 5	2 × 6	4 × 7
5 × 6	7 × 5	3 × 0	8 × 8	1 × 3	3 × 4	5 × 9	0 × 2	7 × 3	4 × 1
2 × 3	8 × 6	0 × 5	6 × 1	3 × 8	1 × 1	9 × 0	2 × 8	6 × 4	0 × 7
7 × 7	1 × 4	6 × 2	4 × 5	2 × 4	4 × 9	7 × 0	1 × 2	8 × 4	6 × 5
3 × 2	4 × 6	1 × 9	5 × 7	8 × 2	0 × 8	4 × 2	9 × 8	3 × 6	5 × 5
8 × 9	3 × 7	9 × 7	1 × 7	6 × 0	0 × 3	7 × 2	1 × 5	7 × 8	4 × 0
8 × 3	5 × 2	0 × 4	9 × 5	6 × 7	2 × 7	6 × 3	5 × 4	1 × 0	9 × 2
7 × 6	1 × 8	9 × 6	4 × 4	5 × 3	8 × 1	3 × 3	4 × 8	9 × 3	2 × 0
8 × 0	3 × 1	6 × 8	0 × 9	8 × 7	2 × 9	9 × 4	0 × 1	7 × 4	5 × 8
0 × 6	7 × 1	2 × 5	6 × 9	3 × 9	1 × 6	5 × 0	6 × 6	2 × 1	7 × 9

224 *Saxon Math 5/4—Homeschool*

FACTS PRACTICE TEST

B **100 Subtraction Facts**
For use with Test 22

Name _____
Time _____

Subtract.

7 − 0	10 − 8	6 − 3	14 − 5	3 − 1	16 − 9	7 − 1	18 − 9	11 − 3	13 − 7
13 − 8	7 − 4	10 − 7	0 − 0	12 − 8	10 − 9	6 − 2	13 − 4	4 − 0	10 − 5
5 − 3	7 − 5	2 − 1	6 − 6	8 − 4	7 − 2	14 − 7	8 − 1	11 − 6	3 − 3
1 − 1	11 − 9	10 − 4	9 − 2	14 − 6	17 − 8	6 − 0	10 − 6	4 − 1	9 − 5
7 − 7	14 − 8	12 − 9	9 − 8	12 − 7	12 − 3	16 − 8	9 − 1	15 − 6	11 − 4
8 − 6	15 − 9	11 − 8	3 − 2	4 − 4	8 − 2	11 − 5	5 − 0	17 − 9	6 − 1
5 − 5	4 − 3	8 − 7	7 − 3	7 − 6	5 − 1	10 − 3	12 − 6	10 − 1	6 − 4
2 − 2	13 − 6	15 − 8	2 − 0	13 − 9	16 − 7	5 − 2	12 − 4	3 − 0	11 − 7
8 − 0	9 − 4	10 − 2	6 − 5	8 − 3	9 − 0	5 − 4	12 − 5	4 − 2	9 − 3
9 − 9	15 − 7	8 − 8	14 − 9	9 − 7	13 − 5	1 − 0	8 − 5	9 − 6	11 − 2

Saxon Math 5/4—Homeschool 225

FACTS PRACTICE TEST

H 100 Multiplication Facts
For use with Lesson 116

Name _____
Time _____

Multiply.

9 × 1	2 × 2	5 × 1	4 × 3	0 × 0	9 × 9	3 × 5	8 × 5	2 × 6	4 × 7
5 × 6	7 × 5	3 × 0	8 × 8	1 × 3	3 × 4	5 × 9	0 × 2	7 × 3	4 × 1
2 × 3	8 × 6	0 × 5	6 × 1	3 × 8	1 × 1	9 × 0	2 × 8	6 × 4	0 × 7
7 × 7	1 × 4	6 × 2	4 × 5	2 × 4	4 × 9	7 × 0	1 × 2	8 × 4	6 × 5
3 × 2	4 × 6	1 × 9	5 × 7	8 × 2	0 × 8	4 × 2	9 × 8	3 × 6	5 × 5
8 × 9	3 × 7	9 × 7	1 × 7	6 × 0	0 × 3	7 × 2	1 × 5	7 × 8	4 × 0
8 × 3	5 × 2	0 × 4	9 × 5	6 × 7	2 × 7	6 × 3	5 × 4	1 × 0	9 × 2
7 × 6	1 × 8	9 × 6	4 × 4	5 × 3	8 × 1	3 × 3	4 × 8	9 × 3	2 × 0
8 × 0	3 × 1	6 × 8	0 × 9	8 × 7	2 × 9	9 × 4	0 × 1	7 × 4	5 × 8
0 × 6	7 × 1	2 × 5	6 × 9	3 × 9	1 × 6	5 × 0	6 × 6	2 × 1	7 × 9

226 *Saxon Math 5/4—Homeschool*

FACTS PRACTICE TEST

J **90 Division Facts**
For use with Lesson 117

Name _____
Time _____

Divide.

56 ÷ 7 =	15 ÷ 3 =	12 ÷ 6 =	8 ÷ 2 =	63 ÷ 7 =	0 ÷ 4 =
14 ÷ 2 =	42 ÷ 6 =	6 ÷ 1 =	16 ÷ 8 =	20 ÷ 5 =	49 ÷ 7 =
36 ÷ 4 =	64 ÷ 8 =	0 ÷ 3 =	54 ÷ 9 =	4 ÷ 2 =	48 ÷ 8 =
18 ÷ 9 =	3 ÷ 1 =	35 ÷ 5 =	8 ÷ 4 =	72 ÷ 8 =	6 ÷ 6 =
0 ÷ 5 =	42 ÷ 7 =	2 ÷ 2 =	36 ÷ 9 =	7 ÷ 1 =	12 ÷ 3 =
16 ÷ 2 =	30 ÷ 5 =	0 ÷ 1 =	28 ÷ 7 =	4 ÷ 4 =	40 ÷ 8 =
3 ÷ 3 =	18 ÷ 6 =	63 ÷ 9 =	40 ÷ 5 =	10 ÷ 2 =	36 ÷ 6 =
32 ÷ 8 =	12 ÷ 4 =	18 ÷ 3 =	35 ÷ 7 =	8 ÷ 8 =	2 ÷ 1 =
45 ÷ 5 =	7 ÷ 7 =	27 ÷ 9 =	9 ÷ 1 =	48 ÷ 6 =	0 ÷ 7 =
4 ÷ 1 =	0 ÷ 9 =	24 ÷ 3 =	32 ÷ 4 =	5 ÷ 5 =	72 ÷ 9 =
20 ÷ 4 =	21 ÷ 7 =	0 ÷ 2 =	27 ÷ 3 =	8 ÷ 1 =	54 ÷ 6 =
15 ÷ 5 =	6 ÷ 3 =	28 ÷ 4 =	18 ÷ 2 =	24 ÷ 6 =	9 ÷ 9 =
56 ÷ 8 =	0 ÷ 6 =	21 ÷ 3 =	1 ÷ 1 =	25 ÷ 5 =	12 ÷ 2 =
5 ÷ 1 =	45 ÷ 9 =	16 ÷ 4 =	30 ÷ 6 =	9 ÷ 3 =	14 ÷ 7 =
0 ÷ 8 =	6 ÷ 2 =	24 ÷ 8 =	10 ÷ 5 =	81 ÷ 9 =	24 ÷ 4 =

Saxon Math 5/4—Homeschool

FACTS PRACTICE TEST

I 90 Division Facts
For use with Lesson 118

Name _____

Time _____

Divide.

2)18	6)6	3)15	3)27	2)14	5)25	6)48	7)21	2)10	6)42
4)20	9)63	1)4	4)8	7)0	8)16	3)24	4)32	8)56	1)0
5)5	8)64	3)0	2)2	5)40	3)9	9)18	6)0	5)10	9)9
8)32	1)1	9)36	8)40	2)0	5)20	9)27	6)18	4)0	5)30
2)12	5)45	1)7	7)14	3)3	8)24	5)0	2)8	7)42	6)36
7)56	9)0	8)72	4)28	7)49	2)4	9)81	1)2	5)35	3)21
8)0	7)28	4)36	1)3	4)24	3)6	9)54	1)8	4)4	7)35
9)45	1)9	6)54	6)12	3)18	9)72	5)15	6)24	8)8	2)16
1)6	4)12	7)7	2)6	7)63	4)16	8)48	3)12	6)30	1)5

FACTS PRACTICE TEST

J 90 Division Facts
For use with Lesson 119

Name _____

Time _____

Divide.

56 ÷ 7 =	15 ÷ 3 =	12 ÷ 6 =	8 ÷ 2 =	63 ÷ 7 =	0 ÷ 4 =
14 ÷ 2 =	42 ÷ 6 =	6 ÷ 1 =	16 ÷ 8 =	20 ÷ 5 =	49 ÷ 7 =
36 ÷ 4 =	64 ÷ 8 =	0 ÷ 3 =	54 ÷ 9 =	4 ÷ 2 =	48 ÷ 8 =
18 ÷ 9 =	3 ÷ 1 =	35 ÷ 5 =	8 ÷ 4 =	72 ÷ 8 =	6 ÷ 6 =
0 ÷ 5 =	42 ÷ 7 =	2 ÷ 2 =	36 ÷ 9 =	7 ÷ 1 =	12 ÷ 3 =
16 ÷ 2 =	30 ÷ 5 =	0 ÷ 1 =	28 ÷ 7 =	4 ÷ 4 =	40 ÷ 8 =
3 ÷ 3 =	18 ÷ 6 =	63 ÷ 9 =	40 ÷ 5 =	10 ÷ 2 =	36 ÷ 6 =
32 ÷ 8 =	12 ÷ 4 =	18 ÷ 3 =	35 ÷ 7 =	8 ÷ 8 =	2 ÷ 1 =
45 ÷ 5 =	7 ÷ 7 =	27 ÷ 9 =	9 ÷ 1 =	48 ÷ 6 =	0 ÷ 7 =
4 ÷ 1 =	0 ÷ 9 =	24 ÷ 3 =	32 ÷ 4 =	5 ÷ 5 =	72 ÷ 9 =
20 ÷ 4 =	21 ÷ 7 =	0 ÷ 2 =	27 ÷ 3 =	8 ÷ 1 =	54 ÷ 6 =
15 ÷ 5 =	6 ÷ 3 =	28 ÷ 4 =	18 ÷ 2 =	24 ÷ 6 =	9 ÷ 9 =
56 ÷ 8 =	0 ÷ 6 =	21 ÷ 3 =	1 ÷ 1 =	25 ÷ 5 =	12 ÷ 2 =
5 ÷ 1 =	45 ÷ 9 =	16 ÷ 4 =	30 ÷ 6 =	9 ÷ 3 =	14 ÷ 7 =
0 ÷ 8 =	6 ÷ 2 =	24 ÷ 8 =	10 ÷ 5 =	81 ÷ 9 =	24 ÷ 4 =

Saxon Math 5/4—Homeschool

FACTS PRACTICE TEST

J 90 Division Facts
For use with Lesson 120

Name _____
Time _____

Divide.

56 ÷ 7 =	15 ÷ 3 =	12 ÷ 6 =	8 ÷ 2 =	63 ÷ 7 =	0 ÷ 4 =
14 ÷ 2 =	42 ÷ 6 =	6 ÷ 1 =	16 ÷ 8 =	20 ÷ 5 =	49 ÷ 7 =
36 ÷ 4 =	64 ÷ 8 =	0 ÷ 3 =	54 ÷ 9 =	4 ÷ 2 =	48 ÷ 8 =
18 ÷ 9 =	3 ÷ 1 =	35 ÷ 5 =	8 ÷ 4 =	72 ÷ 8 =	6 ÷ 6 =
0 ÷ 5 =	42 ÷ 7 =	2 ÷ 2 =	36 ÷ 9 =	7 ÷ 1 =	12 ÷ 3 =
16 ÷ 2 =	30 ÷ 5 =	0 ÷ 1 =	28 ÷ 7 =	4 ÷ 4 =	40 ÷ 8 =
3 ÷ 3 =	18 ÷ 6 =	63 ÷ 9 =	40 ÷ 5 =	10 ÷ 2 =	36 ÷ 6 =
32 ÷ 8 =	12 ÷ 4 =	18 ÷ 3 =	35 ÷ 7 =	8 ÷ 8 =	2 ÷ 1 =
45 ÷ 5 =	7 ÷ 7 =	27 ÷ 9 =	9 ÷ 1 =	48 ÷ 6 =	0 ÷ 7 =
4 ÷ 1 =	0 ÷ 9 =	24 ÷ 3 =	32 ÷ 4 =	5 ÷ 5 =	72 ÷ 9 =
20 ÷ 4 =	21 ÷ 7 =	0 ÷ 2 =	27 ÷ 3 =	8 ÷ 1 =	54 ÷ 6 =
15 ÷ 5 =	6 ÷ 3 =	28 ÷ 4 =	18 ÷ 2 =	24 ÷ 6 =	9 ÷ 9 =
56 ÷ 8 =	0 ÷ 6 =	21 ÷ 3 =	1 ÷ 1 =	25 ÷ 5 =	12 ÷ 2 =
5 ÷ 1 =	45 ÷ 9 =	16 ÷ 4 =	30 ÷ 6 =	9 ÷ 3 =	14 ÷ 7 =
0 ÷ 8 =	6 ÷ 2 =	24 ÷ 8 =	10 ÷ 5 =	81 ÷ 9 =	24 ÷ 4 =

© Saxon Publishers, Inc. and Stephen Hake. Reproduction prohibited.

Saxon Math 5/4—Homeschool

FACTS PRACTICE TEST

G 64 Multiplication Facts
For use with Test 23

Name _____
Time _____

Multiply.

4 × 6	8 × 8	5 × 7	6 × 3	5 × 6	4 × 3	9 × 8	7 × 5
2 × 6	5 × 9	3 × 3	9 × 2	9 × 4	2 × 5	7 × 6	4 × 8
5 × 2	7 × 8	2 × 3	6 × 8	3 × 7	8 × 5	6 × 2	5 × 5
3 × 4	7 × 3	5 × 8	4 × 2	6 × 4	2 × 8	4 × 4	8 × 2
2 × 2	7 × 4	3 × 8	8 × 6	2 × 9	8 × 4	9 × 3	6 × 9
6 × 7	4 × 5	7 × 2	9 × 6	7 × 9	5 × 4	3 × 2	9 × 7
4 × 7	9 × 5	3 × 6	8 × 7	3 × 5	2 × 4	7 × 7	8 × 9
8 × 3	2 × 7	6 × 5	4 × 9	3 × 9	6 × 6	9 × 9	5 × 3

Saxon Math 5/4 — Homeschool

ACTIVITY SHEET

36 Equations
For use with Investigation 12

Name _____

Write an equation for each picture. Then find the number for *N* that balances each scale.

1.

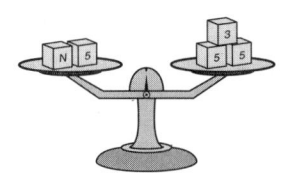

Equation: _____

Solution: *N* = _____

2.

Equation: _____

Solution: *N* = _____

3.

Equation: _____

Solution: *N* = _____

4.

Equation: _____

Solution: *N* = _____

5.

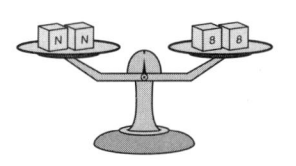

Equation: _____

Solution: *N* = _____

6.

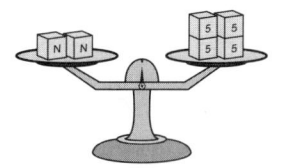

Equation: _____

Solution: *N* = _____

7.

Equation: _____

Solution: *N* = _____

8.

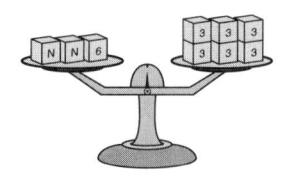

Equation: _____

Solution: *N* = _____

Saxon Math 5/4—Homeschool 233

Tests

A test should be given after every fifth lesson, beginning after Lesson 10. The testing schedule is explained in greater detail on the back of this page.

On test days, allow five minutes for your student to take the Facts Practice Test indicated at the top of the test. Then administer the cumulative test specified by the Testing Schedule. You might wish also to provide your student with a photocopy of Recording Form E. This form is designed to provide an organized space for your student to show his or her work. *Note:* The textbook should not be used during the test.

Solutions to the test problems are located in the *Saxon Math 5/4—Homeschool Solutions Manual*. For detailed information on appropriate test-grading strategies, please refer to the preface in the *Saxon Math 5/4—Homeschool* textbook.

Testing Schedule

Test to be administered	Covers material through	Give after
Test 1	Lesson 5	Lesson 10
Test 2	Lesson 10	Lesson 15
Test 3	Lesson 15	Lesson 20
Test 4	Lesson 20	Lesson 25
Test 5	Lesson 25	Lesson 30
Test 6	Lesson 30	Lesson 35
Test 7	Lesson 35	Lesson 40
Test 8	Lesson 40	Lesson 45
Test 9	Lesson 45	Lesson 50
Test 10	Lesson 50	Lesson 55
Test 11	Lesson 55	Lesson 60
Test 12	Lesson 60	Lesson 65
Test 13	Lesson 65	Lesson 70
Test 14	Lesson 70	Lesson 75
Test 15	Lesson 75	Lesson 80
Test 16	Lesson 80	Lesson 85
Test 17	Lesson 85	Lesson 90
Test 18	Lesson 90	Lesson 95
Test 19	Lesson 95	Lesson 100
Test 20	Lesson 100	Lesson 105
Test 21	Lesson 105	Lesson 110
Test 22	Lesson 110	Lesson 115
Test 23	Lesson 115	Lesson 120

TEST 1

Also take Facts Practice Test A (100 Addition Facts).

Name _____

1. The digit 7 is in what place in each number?
   (a) 271   (b) 793   (c) 407

2. Use three digits to write a number equal to 3 hundreds, 4 tens, and 8 ones.

3. Write the next three numbers in this counting sequence:

   28, 35, 42, _____, _____, _____, …

4. Eight cats have how many eyes? Count by twos.

5. How many cents are in 4 dimes? Count by tens.

6. What is the last digit in the number 123?

7. How much money is shown by this diagram?

8. Draw a diagram to show $341 using $100 bills, $10 bills, and $1 bills.

Find the missing number in each counting sequence:

9. 40, 36, _____, 28, …   10. 5, 10, 15, _____, …   11. 27, _____, 21, 18, …

12. How many digits are in the number 41,973,256?

Find each sum or missing addend:

13. 3   14. 9   15.   3   16.   N
     7   4   8   5
     6   1   + N   + 3
   + 2   + 2   ----   ----
                            15   17

17. If the pattern is continued, what will be the next circled number?

    1, 2, ③, 4, 5, ⑥, 7, 8, ⑨, 10, 11, …

18. Write a number sentence for this picture:

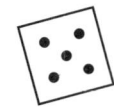

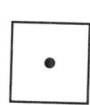

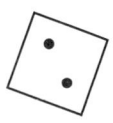

19. Danielle is fourth in line. Ian is ninth in line. How many people are between them?

20. There were 8 tourists on the left side of the tram and 7 tourists on the right side of the tram. Altogether, how many tourists were on the tram?

Saxon Math 5/4—Homeschool   237

TEST 2

Also take Facts Practice Test A (100 Addition Facts).

Name _____

1. Irma is fifth in line. Walt is eighth in line. How many people are between Irma and Walt?

2. Chang has $32. Eng has $23. Together Chang and Eng have how much money?

Use digits to write each number:

3. two hundred forty-two

4. nine hundred sixteen

Use words to write each number:

5. 905

6. 521

7. The numbers 2, 6, and 8 form a fact family. Write two addition facts and two subtraction facts using these three numbers.

8. The digit 1 is in what place in each number?
   (a) 841
   (b) 103
   (c) 219

9. Which digit is in the hundreds place in 383?

10. $55 + $23

11. 5 + 9 + 2 + 1 + 3 + 9

12. 36
   + 25

13. 14
   − 6

14. 12
   − 5

Find each missing addend:

15.   7
      N
   + 3

     13

16.   3
      1
   + N

     11

17. Write a number sentence for this picture:

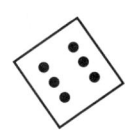

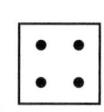

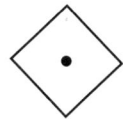

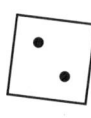

Write the next three numbers in each counting sequence:

18. 5, 10, 15, ____, ____, ____, ...

19. 36, 42, 48, ____, ____, ____, ...

20. Which of these numbers is an even number?
    A. 330
    B. 303
    C. 241
    D. 225

Saxon Math 5/4—Homeschool

TEST 3

Also take Facts Practice Test A (100 Addition Facts).

Name _____

1. Forty-two children ran under the bridge. Twenty-five children did cartwheels in the grass. How many children were there in all?

2. Use digits to write the number seven hundred twenty-seven.

3. Use words to write the number 391.

4. Use digits and a comparison symbol to write "Six is greater than three."

5. The numbers 5, 6, and 11 form a fact family. Write two addition facts and two subtraction facts using these three numbers.

6. Is 854 an odd number or an even number?

7. Amber held 8 coins in her left hand and some more coins in her right hand. Altogether Amber had 17 coins in her hands. How many coins were in Amber's right hand?

8. To what number is the arrow pointing?

Compare:

9. 594 ◯ 495

10. 321 ◯ 213

Find the missing number in each counting sequence:

11. 35, _____, 45, 50, …

12. 54, 45, _____, 27, …

Find each missing number:

13. $\begin{array}{r} 13 \\ - A \\ \hline 8 \end{array}$

14. $\begin{array}{r} N \\ - 4 \\ \hline 6 \end{array}$

15. $\begin{array}{r} 5 \\ 2 \\ + A \\ \hline 15 \end{array}$

16. $\begin{array}{r} \$476 \\ + \$392 \end{array}$

17. 38 − 17

18. 42 − 27

19. 6 + 3 + 1 + 9 + 4 + 4 + 5

20. How many digits are in the number 418,831,345?

Saxon Math 5/4—Homeschool

TEST 4

Also take Facts Practice Test B (100 Subtraction Facts).

Name _____

1. On the first night Tibor observed forty-seven pulsars. On the second night he observed some more pulsars. If Tibor observed ninety-eight pulsars in the two nights, how many did he observe on the second night?
   (11)

2. Four hundred cardinals flew south on Friday. Two hundred cardinals flew south on Saturday. Fifty cardinals flew south on Sunday. How many cardinals flew south in the three days?
   (1)

3. Kayla had $359. When Desiree landed on Kayla's property, Desiree had to pay Kayla $241. Then how much money did Kayla have?
   (13)

4. Write 607 in expanded form.
   (16)

Compare:

5. five hundred six ◯ five hundred sixteen
   (Inv. 1)

6. 313 ◯ 285
   (Inv. 1)

7. If it is morning, what time is shown by this clock?
   (19)

8. What temperature is shown on this thermometer?
   (18)

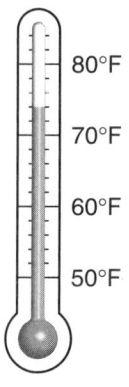

9. How long is this pencil?
   (Inv. 2)

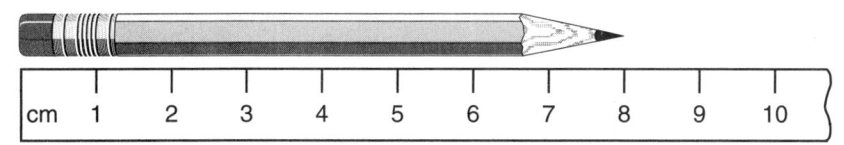

10. Round 88 to the nearest ten.
    (20)

11. Round $6.38 to the nearest dollar.
    (20)

12. Feynman is standing sixth in line. Dirac is thirteenth in the same line. How many people are between Feynman and Dirac?
    (5)

13.   31
    (17) 46
       12
    + 57

14.   592
    (13) + 336

15. $81
    (15) − $53

Find each missing number:

16.   C
    (16) − 24
       63

17.   32
    (14) + D
      58

18.   54
    (16) − F
      31

19. 3 + 43 + 25 + 10 + G = 100
    (2)

20. How many dots are in this pattern? Count by fives.
    (3)

Saxon Math 5/4—Homeschool

TEST 5

Also take Facts Practice Test B (100 Subtraction Facts).

Name _____

1. Susie had twenty-nine dollars. Then she spent sixteen dollars. How many dollars did Susie have left?

2. All the contestants lined up in two equal rows. Which could not be the total number of contestants?
   A. 23   B. 52   C. 36

3. Forty-six people sat in the front row, sixty-seven people sat in the second row, and seventy-three people sat in the third row. Altogether how many people sat in the first three rows?

4. Each side of this square is 14 mm long. What is the perimeter of the square?

5. Find the missing numbers in this counting sequence:

   7, 14, ____, ____, 35, ____, …

6. A typical doorway is about how many meters tall?

7. Round 76 to the nearest ten.

8. Compare: $13 - 7 \bigcirc 11 - 5$

9. If it is afternoon, what time is shown by this clock?

10. Which street is perpendicular to Berry?

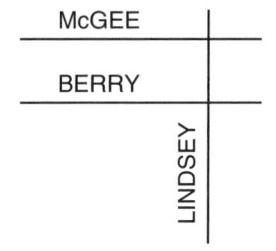

11. What fraction of this rectangle is shaded?

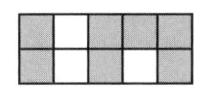

12. To what number is the arrow pointing?

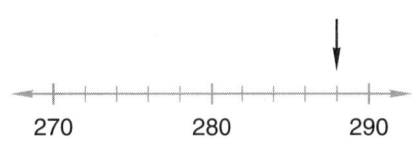

13. Which of these angles is a right angle?
    A.   B.   C.

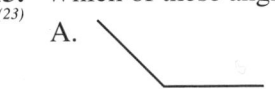

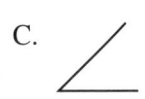

Add, subtract, or find the missing number:

14. $\$5.95 + \$2.19$

15. $36 - 19$

16. $Q + 52 = 76$

17. $581 + 192$

18. $96 - F = 22$

19. $647 - 415$

20. $84 + 21 + 15 + 37$

Saxon Math 5/4—Homeschool

TEST 6

Also take Facts Practice Test B (100 Subtraction Facts).

Name _____

1. Eighty-three people sat in the first row. Fifty-seven people sat in the second row. Sixty people sat in the third row. Altogether how many people sat in the first three rows?

2. Forty crayons were in the box. Fran took some crayons from the box. Seventeen crayons were left in the box. How many crayons did Fran take from the box?

3. The baseball glove costs forty-six dollars. Kerry has saved twenty-eight dollars. How much more money does Kerry need in order to buy the baseball glove?

4. Write 805 in expanded form. Then use words to write the number.

5. Use digits and symbols to write "Three times zero equals two times zero."

6. This wooden object was found in the park. About how long is it?

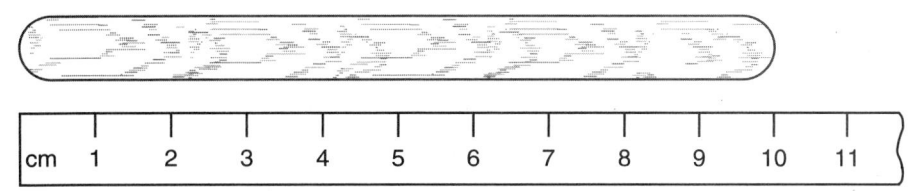

7. Draw a square and shade $\frac{1}{4}$ of it.

8. Round $14.64 to the nearest dollar.

9. Find the missing numbers in this counting sequence:

   54, ____, ____, 27, 18, ____, …

10. If it is morning, what time will it be in 2 hours and 30 minutes according to this clock?

11. What is the perimeter of this triangle?

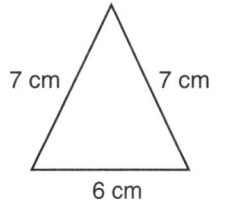

12. Change this addition problem to a multiplication problem: $4 + 4 + 4 + 4 + 4 + 4$

13. The lamppost is three meters tall. How many centimeters is that?

14. (a) 5×5 (b) 9×5 (c) 5×7

15. $590 - 320$

16. 84
    -37

17. 235
    $+679$

Find each missing number:

18. 79
    $- P$
    $\overline{23}$

19. 33
    $+ R$
    $\overline{76}$

20. $5 + 6 + 7 + 5 + 3 + 9 + 8 + 2 + 1 + 6 + 7 + 4$

Saxon Math 5/4—Homeschool

TEST 7

Also take Facts Practice Test B (100 Subtraction Facts).

Name _____

1. There are five hundred thirteen pages in the book. Elena has read two hundred seventy-one pages. How many pages are left for Elena to read?
   (11)

2. Use the digits 5, 2, and 7 once each to make an odd number greater than 600.
   (10)

3. Draw a pattern of ✗'s to show the multiplication of 3 and 5.
   (Inv. 3)

4. Egbert wrote his birth date as 10/18/98.
   (5)
   (a) In what month was Egbert born? (b) In what year was Egbert born?

5. Draw two parallel lines.
   (23)

6. This rectangle is 5 cm long and 2 cm wide. What is the area of the rectangle?
   (Inv. 3)

7. What fraction of this rectangle is shaded?
   (22)

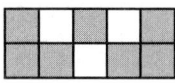

8. Change this addition problem to a multiplication problem: $7 + 7 + 7 + 7$
   (27)

9. Round 37 to the nearest ten. Round 44 to the nearest ten. Then add the rounded numbers.
   (20)

10. Is the value of 2 nickels and 4 dimes an even number of cents or an odd number of cents?
    (10, 35)

11. The arrow is pointing to what number on this number line?
    (Inv. 1)

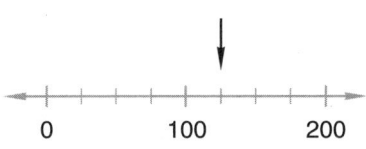

12. (a) 4×4 (b) 8×8 (c) 5×5
    (Inv. 3)

13. Fifty-six is how much less than sixty-five?
    (31)

14. Find the square root: $\sqrt{36}$
    (Inv. 3)

15. Compare: $33 + 44 \bigcirc 22 + 54$
    (Inv. 1)

Find each missing number:

16. $23 + W = 79$
    (14)

17. $\begin{array}{r} 636 \\ - X \\ \hline 214 \end{array}$
    (16)

18. Use words to write $4\frac{1}{3}$.
    (35)

19. Use digits to write four million.
    (34)

20. $\begin{array}{r} 734 \\ -368 \\ \hline \end{array}$
    (30)

Saxon Math 5/4—Homeschool 249

TEST 8

Also take Facts Practice Test C
(Multiplication Facts: 0's, 1's, 2's, 5's).

Name _____

1. (35) Neil had four dimes, two quarters, and five pennies. Write this amount with a dollar sign and decimal point.

2. (11) Sallisaw is 175 miles east of Yukon. Midwest City is 23 miles east of Yukon. How far is it from Midwest City to Sallisaw?

   Yukon   Midwest City   Sallisaw

3. (37) Name the fraction or mixed number marked by the arrow on this number line:

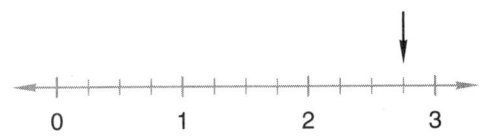

4. (Inv. 1) Compare: $11 + 35 + 18 \bigcirc 8 \times 8$

5. (40) One gallon of milk is how many pints?

6. (33) Use words to write 876,482.

7. (26) Draw a square and shade three fourths of it.

8. (7, Inv. 1) Use digits and symbols to compare six hundred thirty-seven and eight hundred twenty-three.

9. (23) Which letter below has no right angles?

   # L E A F

10. (Inv. 2) What is the perimeter of a rectangle that is 4 cm long and 2 cm wide?

11. (20) Round 74 to the nearest ten. Round 77 to the nearest ten. Add the rounded numbers.

12. (Inv. 2, 21) If the diameter of a circle is four yards, then the radius is how many feet?

13. (35) What mixed number is shown by the shaded rectangles?

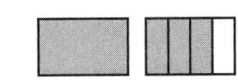

14. (30) $4.61 − $2.73

15. (Inv. 3) $\sqrt{49}$

16. (17) $845 + $753 + $29

17. (38) (a) $\begin{array}{r} 6 \\ \times\, 3 \\ \hline \end{array}$ (b) $\begin{array}{r} 7 \\ \times\, 8 \\ \hline \end{array}$ (c) $\begin{array}{r} 3 \\ \times\, 8 \\ \hline \end{array}$

Find each missing number:

18. (24) $\begin{array}{r} E \\ +\, 342 \\ \hline 621 \end{array}$

19. (16) $\begin{array}{r} Y \\ -\, 232 \\ \hline 244 \end{array}$

20. (2) $25 + 51 + 84 + 19 + N = 432$

Saxon Math 5/4—Homeschool

TEST 9

*Also take Facts Practice Test E
(Multiplication Facts: 2's, 5's, 9's, Squares).*

Name _____

1. Four hundred seventy-nine fish were in the first wave. Altogether eight hundred forty-three fish were in the first two waves. How many fish were in the second wave?

2. There were five hundred thirty-three bags in the first shipment. There were six hundred forty-eight bags in the second shipment. How many fewer bags were in the first shipment?

3. Heather paid $5.00 for an item that cost $3.27. How much money should Heather get back?

4. Round 845 to the nearest hundred.

5. Draw and shade rectangles to show the mixed number $2\frac{5}{6}$.

6. Use words to write 16.3.

7. It is night. What time was it 40 minutes ago according to this clock?

8. To the nearest quarter inch, how long is segment AB?

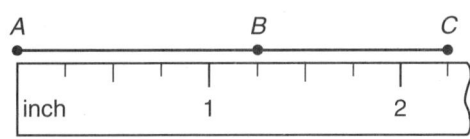

9. To what mixed number is the arrow pointing?

Find each missing number:

10. $\begin{array}{r} N \\ + 356 \\ \hline 497 \end{array}$

11. $\begin{array}{r} 597 \\ - S \\ \hline 356 \end{array}$

12. $9N = 63$

13. $\begin{array}{r} \$9.06 \\ - \$3.48 \\ \hline \end{array}$

14. $\begin{array}{r} 31 \\ \times 9 \\ \hline \end{array}$

15. $\begin{array}{r} 40 \\ \times 3 \\ \hline \end{array}$

16. $84 + (7 \times 8)$

17. $6 \times (4 + 3)$

18. $\$6.54 + 68¢ + \$3$

19. $\sqrt{36} + \sqrt{81}$

20. $0.65 - 0.30$

Saxon Math 5/4—Homeschool

TEST 10

Also take Facts Practice Test F (Multiplication Facts: Memory Group).

Name _____

1. The coach has five teams with twelve players on each team. How many players does the coach have in all?
(49)

2. If the diameter of a circle is one yard, then its radius is
(Inv. 2, 21)

   A. 6 ft   B. 3 ft   C. 2 yd   D. $1\frac{1}{2}$ ft

3. Three hundred ninety-four monkeys jumped up and down, while the other two hundred seventy-three monkeys just clapped their hands. What was the total number of jumpers and clappers?
(1)

4. Maria found three hundred twenty-six shells. Henry found eight hundred thirty-seven shells. Henry found how many more shells than Maria?
(31)

5. Which digit in 29.3 is in the tenths place?
(50)

6. Use the digits 6, 7, 8, and 9 once each to write an even number between 6500 and 6900.
(10)

7. Write the mixed number shown by the shaded circles.
(35)

8. What is the perimeter of this shape? Dimensions are in feet.
(Inv. 2)

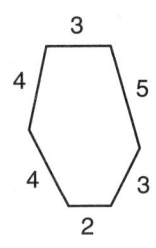

9. Round 281 to the nearest hundred.
(42)

Add, subtract, multiply, or find the missing number:

10.   84,048
(51)   + 15,569

11. $5.50
(30)   − $2.69

12.   N
(24)   + 192
     671

13.   41
(44)   × 8

14.   27
(48)   × 8

15.   Z
(16)   − 546
     312

16. 6.43 − 3.8
(50)

17. 5.1 + 3.72
(50)

18. $5.32 + $3 + 57¢ + 8¢
(43)

19. Compare: $(5 \times 6) + 7 \bigcirc 5 \times (6 + 7)$
(Inv. 1, 45)

20. (a) $9\overline{)54}$ (b) $32 \div 8$ (c) $\frac{63}{9}$
(46)

Saxon Math 5/4—Homeschool   255

TEST 11

Also take Facts Practice Test H (100 Multiplication Facts).

Name _____

1. Fifty-six days is how many weeks?
   (52)

2. List the factors of 18.
   (55)

3. Forty-five books were put into five equal stacks. How many books were in each stack?
   (52)

4. Draw a circle and shade 75% of it.
   (Inv. 5)

5. How many years are in five decades?
   (54)

6. Find the eighth multiple of 6. Then subtract 17. What is the answer?
   (55)

7. Compare: $\frac{1}{2}$ ◯ 75%
   (Inv. 5)

8. Segment *DE* is 5 cm long. Segment *DF* is 13 cm long. How long is segment *EF*?
   (45)

   D •——————————————• E •————————————————————————————• F

9. What is the perimeter of this rectangle?
   (Inv. 2)

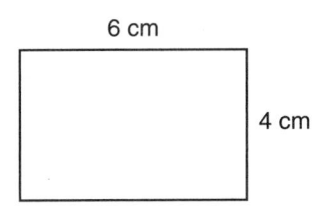

   6 cm / 4 cm

10. Round 1760 to the nearest thousand.
    (54)

11.   42,092
    (51) + 8,768

12. $17.00
    (41) − $ 9.27

13.   35,456
    (52) − 17,468

14.   83
    (48) × 8

15. 1.54 + 3.8 + 14.2
    (50)

16. $\sqrt{36} + (24 \div 3)$
    (Inv. 3, 45)

17. 55 ÷ 6
    (53)

18.   307
    (30) − 49

Find each missing number:

19.   Z
    (24) + 937
       1284

20.   N
    (16) − 472
       500

Saxon Math 5/4—Homeschool

TEST 12

Also take Facts Practice Test I (90 Division Facts).

Name _____

1. The first number was two thousand, two hundred eighty-two. The second number was three hundred twenty-six. The first number was how much greater than the second number?

2. Nine clowns could crowd into each car. If there were 16 cars, how many clowns could crowd in?

3. Eva rode her bike at a steady speed to her grandmother's house, which was eight miles away. The ride took 40 minutes. How many minutes did it take Eva to ride each mile?

4. The Rose family drank 48 quarts of milk in 6 days. On average they drank how many quarts of milk each day?

5. Junior drove for 5 hours at 52 miles per hour. How far did Junior drive?

6. What fraction of this rectangle is shaded?

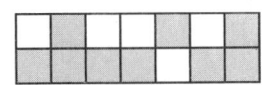

7. Thirty decades is the same as how many centuries?

8. Compare these fractions. Draw and shade two congruent circles to show the comparison.

$$\frac{1}{3} \bigcirc \frac{5}{8}$$

9. Estimate the sum of 582 and 321 by rounding each number to the nearest hundred before adding.

10. Which segment in this circle is a diameter?

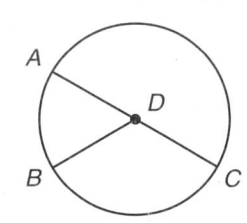

11. Find the sixth multiple of nine. Then subtract 23. What is the answer?

12. $65.98
    + $11.45

13. 645,972
    − 208,394

14. 7.89 − (2.5 + 1.53)

15. 2000 − (14 × 6)

16. 720
    ×   6

17. 549
    ×   7

18. $\sqrt{49} \div 7$

19. 8)$\overline{67}$

20. Find the missing factor: $8R = 72$

Saxon Math 5/4—Homeschool   259

TEST 13

Also take Facts Practice Test J (90 Division Facts).

Name _____

1. *(Inv. 2)* Carole took 8 big steps to measure the width of the room. If each step was one yard, then the width of the room was how many feet?

2. *(52)* Every fourth bead on Mary's necklace is red. There are one hundred sixty-four beads in all. How many beads are red?

3. *(61)* Four fifths of the guests laughed at Chip's joke. What fraction of the guests did not laugh at Chip's joke?

4. *(Inv. 5)* Compare: 50% of 24 ◯ 2 × 5

5. *(Inv. 3)* What is the area of this square?

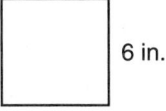

   6 in.

6. *(59)* Estimate the product of 87 and 6.

7. *(57)* Chris's car could go 26 miles on one gallon of gas. How far could Chris's car go on nine gallons of gas?

Refer to the polygon at the right to answer problems 8 and 9.

8. *(63)* Name the polygon.

9. *(Inv. 2)* If each side of the polygon measures 18 inches, then what is its perimeter?

10. *(56)* Compare. Draw and shade two congruent rectangles to show the comparison.

    $\frac{1}{4}$ ◯ $\frac{4}{9}$

11. *(Inv. 5)* If 60% of the runners were boys, then what percent of the runners were girls?

12. *(51)* 32,624 + 109,876

13. *(50)* $12 − 18¢

14. *(62)* 6 × 8 × 3

15. *(62)* $6^2 + 8^2$

16. *(58)* 276 × 8

17. *(65)* 8)̄376

18. *(45, 47)* 60 ÷ (20 ÷ 4)

19. *(50)* 6.9 + 4.83 + 15.2

20. *(41)* Find the missing factor: 5N = 65

Saxon Math 5/4—Homeschool 261

TEST 14

Also take Facts Practice Test I (90 Division Facts).

Name _____

1. Farmer McGregor had 84 heads of cabbage in his garden. Peter ate one fourth of the heads of cabbage. How many heads of cabbage did Peter eat?

2. Sixty-five percent of the lights in the house were on. What percent of the lights were off?

3. Each cookie contains seven chocolate chips. How many chocolate chips were needed to make all 98 cookies?

4. Estimate the sum of 6417 and 8692 by rounding each number to the nearest thousand before adding.

5. What is the value of 8 pennies, 3 dimes, 2 quarters, and 3 nickels? Write the answer using a dollar sign and decimal point.

6. One fifth of the swimmers earned medals. There were 80 swimmers in all. How many swimmers earned medals?

7. What number is indicated on the number line below?

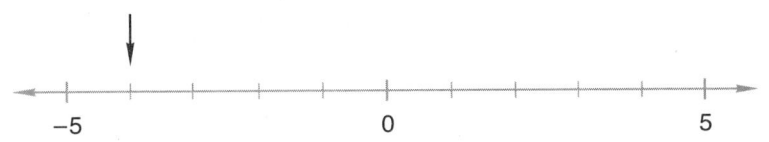

8. Karen has a pentagon and an octagon. What is the total number of sides on the two polygons?

9. (a) The line segment shown below is how many centimeters long?
   (b) The segment is how many millimeters long?

Refer to the rectangle at the right to answer problems 10 and 11.

10. What is the perimeter of the rectangle?

11. What is the area of the rectangle?

12. $254.26
    + $336.50

13. $30.00
    − $29.74

14. $2.06
    ×   8

15. 34 × 20

16. $5^2 - \sqrt{16}$

17. 283 ÷ 5

18. 9 × 7 × 3

19. 4.43 − 2.6

20. Find the missing factor: $7N = 112$

Saxon Math 5/4—Homeschool

TEST 15

Also take Facts Practice Test H (100 Multiplication Facts).

Name _____

1. Aisha has five days to read a 220-page book. If she wants to read the same number of pages each day, how many pages should Aisha read each day?
   (52)

2. When Shannon has read three fifths of the book, what fraction will she still have left to read?
   (61)

Use the information given below to answer problems 3, 4, and 5.

Sixty-four students voted for their favorite foods. Thirty-two voted for pizza. Hot dogs received six fewer votes than pizza. The remaining students voted for hamburgers.

3. How many students chose hot dogs as their favorite food?
   (72)

4. How many students chose hamburgers as their favorite food?
   (72)

5. Which food received the most votes?
   (72)

6. The prince searched 7 weeks for the princess. For how many days did the prince search?
   (49)

7. In the word PERIPATETIC, what fraction of the letters are P's?
   (74)

8. Micah ran a 5-kilometer race. Five kilometers is how many meters?
   (Inv. 2)

9. Tessa entered a 15-kilometer race but walked one fifth of the distance. How many kilometers did Tessa walk?
   (70)

10. What is the perimeter of this triangle?   18 mm   22 mm   30 mm
    (Inv. 2)

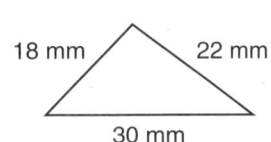

11. The length of $\overline{AB}$ is 42 mm. The length of $\overline{AC}$ is 97 mm. What is the length of $\overline{BC}$?
    (45)

    A • ———————————— B • ———————————————————— C •

12. $34 − ($18.61 + 95¢)
    (45, 50)

13. 44,317 − 726
    (52)

14. 4.6 + 3.57 + 0.34 + 1.0
    (50)

15. $3.87 × 7
    (58)

16. 9)451
    (71)

17. 4)193
    (68)

Find each missing number:

18. 4W = 432
    (41)

19. 374
    (24)   215
         + N
         ―――
         756

20. Compare: 2×4^2 ◯ $\sqrt{16} \times \sqrt{36}$
    (Inv. 3, 62)

Saxon Math 5/4—Homeschool   265

TEST 16

Also take Facts Practice Test G (64 Multiplication Facts).

Name _____

1. Cecilia faces west and then turns 90° clockwise. What direction is Cecilia facing after the turn?
   A. north   B. south   C. east   D. west

2. Nectarines cost 83¢ per pound. What is the price for 3 pounds of nectarines?

3. In bowling, the sum of Dawn's score and Bob's score was equal to Robin's score. If Robin's score was 113 and Bob's score was 52, what was Dawn's score?

4. One third of the 72 diners were seated in each room. How many diners were seated in each room?

5. Draw a triangle congruent to this triangle. Then draw its line of symmetry.

6. What fraction of the letters in the word TENNESSEE are not E's?

7. The whale weighs 4 tons. How many pounds is 4 tons?

8. Pick the more reasonable measure for a box of crackers:
   250 g   250 kg

9. Which triangle appears to be an isosceles triangle?
   A.   B. 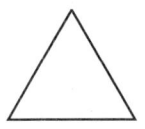   C. 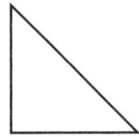   D.

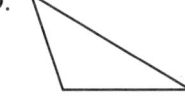

10. Sixty-seven thousand, three hundred forty-two dollars is how much greater than forty-eight thousand, seven hundred ninety-six dollars?

11. Estimate the sum of 347 and 623.

12. Mark could load 123 packages in 3 hours. How many packages could Mark load in 1 hour?

13. $6002 - (429 \times 7)$

14. $\$8.58 \times 6$

15. $53.7 + 6.41$

16. $8\overline{)4048}$

17. $5678 \div 6$

Find each missing number:

18. $4B = 272$

19. 2367
     1825
    + N

     5000

20. Compare: the number of grams in 2 kilograms ◯ the number of milliliters in 2 liters

Saxon Math 5/4—Homeschool

TEST 17

Also take Facts Practice Test J (90 Division Facts).

Name _____

1. It takes Josie 25 minutes to walk to work. At what time should Josie start walking to work if she wants to arrive at 8:05 a.m.?

2. Josie can walk one mile in 15 minutes. At that rate how far can she walk in an hour?

3. Bruce bought 4 hamburgers for $1.29 each. The sales tax was 23¢.
   (a) What was the total price?
   (b) Bruce paid with a $10 bill. How much change should he have gotten back?

Use the information given in this bar graph to answer problem 4:

4. How many households have dogs or cats as pets?

5. The Wards bought a rectangular piece of land that was 4 miles long and 3 miles wide. Half of the land could be farmed. How many square miles could not be farmed?

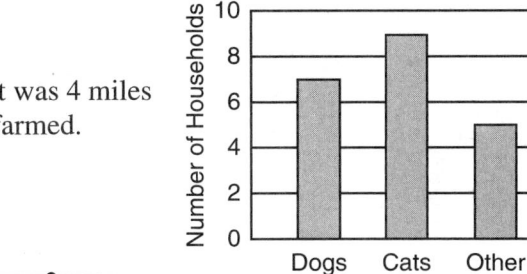

6. Which angle appears to be a 135° angle?
   A.   B.   C.   D.

Pets in the Neighborhood (bar graph: Dogs 7, Cats 9, Other 5; y-axis Number of Households 0–10)

7. Round five thousand, two hundred forty-three to the nearest thousand.

8. The airplane weighs eighteen tons. Eighteen tons is how many pounds?

9. One seventh of the 14 flowers are roses. How many roses are there?

10. Write $\frac{345}{1000}$ as a decimal number.

11. Write 0.543 as a fraction.

12. $68.24
    + $11.98

13.   31.428
    + 16.888

14.   487
    ×   8

15. 100 × 32

16. 8)$7.44

17. 2400 ÷ (24 ÷ 6)

Find each missing number:

18. 6C = 540

19.   19
        6
        N
       12
       23
    + 108
    ─────
      198

20.   27
    × 50

Saxon Math 5/4—Homeschool

TEST 18

Also take Facts Practice Test G (64 Multiplication Facts).

Name _____

1. **(35)** Two quarters, 7 dimes, 1 nickel, and 8 pennies is how much money?

2. **(88)** Bill put 48 math books as equally as possible in 7 stacks.
   (a) How many stacks had exactly 6 books?
   (b) How many stacks had 7 books?

3. **(83)** Casey paid one dollar for a folder and received 41¢ back in change. How much did the folder cost?

4. **(49)** Jamie wrote each of her fifteen spelling words ten times. In all how many words did Jamie write?

5. **(59)** Round 5438 to the nearest thousand. Round 2263 to the nearest thousand. Find the sum of the two rounded numbers.

Refer to the figure at the right to answer problems 6 and 7.

6. **(23)** Which two sides of the pentagon appear to be parallel?

7. **(79)** Draw a pentagon congruent to this pentagon. Then draw its line of symmetry.

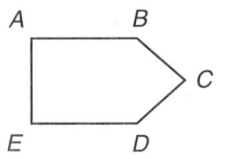

8. **(Inv. 2)** A square with a perimeter of 60 mm has sides that are how many millimeters long?

9. **(45)** Segment *AB* is 19 mm long. Segment *BC* is 15 mm long. Segment *AD* is 65 mm long. How long is segment *CD*?

10. **(89)** Draw and shade circles to show that $2\frac{1}{3}$ equals $\frac{7}{3}$.

11. **(22)** $ 72.75
    + $186.75

12. **(52)** 26,345
    −   6,721

13. **(85)** $4.53
    ×   10

14. **(90)** 47
    × 36

15. **(80)** 6)$50.40

16. **(Inv. 3, 62)** $7^2 - \sqrt{49}$

17. **(50)** 5.732 + 2.18

18. **(86)** 800 × 30

Find each missing number:

19. **(24)**   N
    + 977
    ─────
     5368

20. **(2)**   5
              6
              8
             12
              4
           + N
           ────
             52

Saxon Math 5/4—Homeschool   271

TEST 19

Also take Facts Practice Test I (90 Division Facts).

Name _____

1. Jan is six years older than Ruth. Ruth is twice as old as James. If James is 7 years old, how old is Jan?
   (94)

2. Draw a rhombus with no right angles.
   (92)

3. It will cost $2.37 to mail the package. Marcia put five 37-cent stamps on the package. How much more postage does the package need?
   (94)

4. Forty-five cans were arranged on 7 shelves as equally as possible.
   (88)
   (a) How many shelves had exactly 6 cans?
   (b) How many shelves had 7 cans?

5. Draw a triangle and shade 50% of it.
   (Inv. 5)

6. (a) What decimal number names the shaded part of this square?
   (Inv. 4)
   (b) What decimal number names the part that is not shaded?

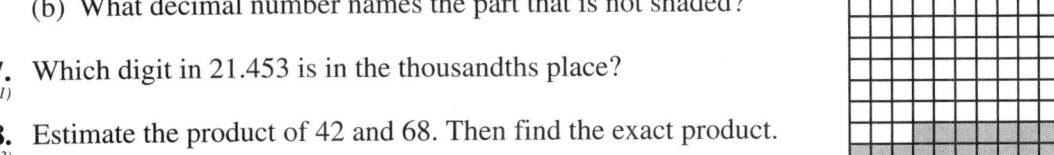

7. Which digit in 21.453 is in the thousandths place?
   (91)

8. Estimate the product of 42 and 68. Then find the exact product.
   (93)

9. Carson opened a liter of milk and poured about one eighth of it into a glass. About how many milliliters of milk did Carson pour into the glass?
   (40, 70)

10. What is the area of this rectangular field?
    (Inv. 3)

    60 ft
    50 ft

11. There are 36 children in the library. Two thirds of them are reading books. How many children are reading books?
    (95)

12. Andrea drove 476 miles in 7 hours. If Andrea drove at a steady speed, how far did she drive in one hour?
    (60)

13. Write $\frac{82}{100}$ as a decimal number.
    (Inv. 4)

14. 5.6 − 0.56
    (91)

15. 60 × 800
    (86)

16. $7.43 × 8
    (58)

17. 32
    (90) × 23

18. 8)2000
    (80)

19. $\frac{740}{4}$
    (76)

20. Find the missing addend: 2 + 6 + 7 + 4 + N + 5 + 3 + 3 + 6 = 52
    (2)

Saxon Math 5/4—Homeschool

TEST 20

Also take Facts Practice Test H (100 Multiplication Facts).

Name _____

1. Five children were eating orange wedges. Ron ate 4, April ate 7, Erin ate 8, Pat ate 6, and Diego ate 5. What was the average number of orange wedges eaten by each child?

2. Write $7\frac{4}{10}$ as a decimal number.

3. Which digit in 97.685 is in the same place as the 3 in 27.43?

4. Three sevenths of the 63 marchers were out of step. How many marchers were out of step?

5. Something is wrong with the sign at the right. Draw two signs that show different ways to correct the sign's error.

Sodas
0.75¢
a can

6. (a) What is the radius of the circle below in millimeters?
   (b) What is the diameter of the circle in centimeters?

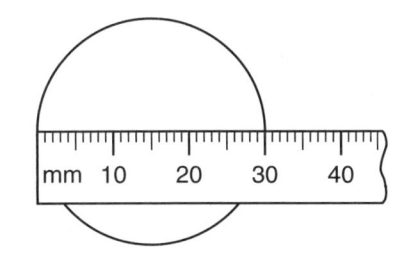

7. Use words to write 3.62.

8. Estimate the product of 81 and 56.

9. Apples are priced at 43¢ per pound. What is the cost of 6 pounds of apples?

10. Find the perimeter and area of this rectangle.

    7 in.
    4 in.

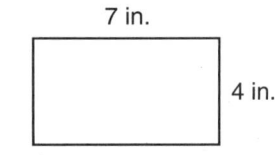

11. Find the sum of three hundred seventy-eight thousand, four hundred twenty-two and eight thousand, six hundred thirty-five.

12. Will has twice as many cookies as Sarah. Sarah has 6 fewer cookies than Nathan. If Nathan has 10 cookies, how many cookies does Will have?

13. Draw circles to show that 3 equals $\frac{6}{2}$.

14. What is the median of these scores?

    85, 100, 95, 80, 75, 85, 100

15. Which word names this shape?

    A. cone   B. cylinder   C. sphere

16. 70 × 70

17. 63 × 52

18. 3)$18.21

19. 31.4 − 2.71

20. Compare: $(5^2 + 15) \div \sqrt{16}$ ◯ $3 + \sqrt{16}$

Saxon Math 5/4—Homeschool

TEST 21

Also take Facts Practice Test A (100 Addition Facts).

Name _____

Use the information given in the circle graph to answer problems 1–4.

How Gabby Spent Her Day
(Studying 7 hr, Chores 1 hr, Other 1 hr, Eating 2 hr, TV 2 hr, Playing 2 hr, Sleeping 9 hr)

1. (Inv. 6) What is the total number of hours shown in the graph?

2. (Inv. 6) What fraction of Gabby's day was spent eating?

3. (Inv. 6) If Gabby went to sleep at 8:30 p.m., what time did she wake up?

4. (Inv. 6) How many hours did Gabby spend studying and doing chores?

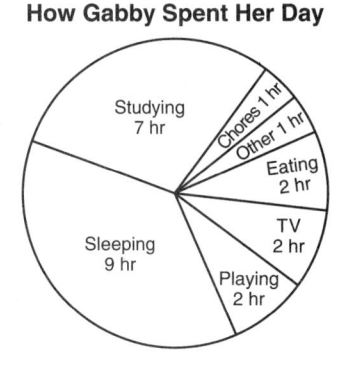

Use the information given below to answer problems 5 and 6.

Mai has 9 cats. Each cat eats $\frac{1}{3}$ can of food each day. Cat food costs 52¢ per can.

5. (57) How many cans of cat food are eaten each day?

6. (57) How much does Mai spend on cat food per day?

7. (Inv. 2) If the perimeter of a square is 72 inches, how long is each side of the square?

8. (102) (a) What is the length of the line segment in millimeters?
   (b) What is the length of the segment in centimeters?

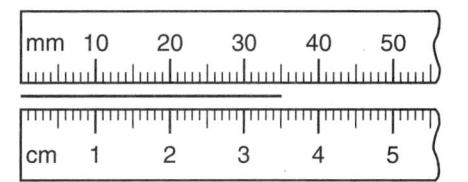

9. (104) Change the improper fraction $\frac{8}{5}$ to a mixed number.

10. (103) What fraction name for 1 is shown by this rectangle?

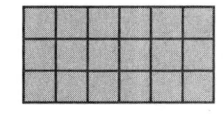

11. (83) Malik bought two toy trucks for $8.49 each. The sales tax was $1.16. He paid the clerk with a twenty-dollar bill. How much change should Malik get back?

12. (57, 60) The big truck traveled 225 miles in 5 hours.
    (a) The truck's average rate was how many miles per hour?
    (b) At that rate, how far could the truck go in 7 hours?

13. (41) $47.00 − $21.68

14. (58) $5.21 × 8

15. (86) 60 × 60

16. (90) 67 × 92

17. (62, 80) $840 \div 2^3$

18. (105) 10)635

19. (45, 91) 4.3 − (3.1 + 0.48)

20. (16) Find the missing number: 647 − N = 315

TEST 22

Also take Facts Practice Test B (100 Subtraction Facts).

Name _____

The table below shows how much is charged to ship a package to different parts of the country. Use the information given in this table to answer problems 1 and 2.

Weight Range	Shipping Charges		
	Zone 1	Zone 2	Zone 3
Up to 4 pounds	$1.75	$2.05	$2.43
4 pounds 1 ounce to 7 pounds	$1.96	$2.22	$2.75
7 pounds 1 ounce to 10 pounds	$2.12	$2.42	$3.14
Over 10 pounds	$2.56	$2.85	$3.50

1. How much does it cost to ship an 8-pound package to Zone 3?
(101)

2. How much more does it cost to ship a 12-pound package to Zone 3 than to Zone 1?
(101)

3. Three sevenths of the 77 tadpoles already had back legs. How many tadpoles had back legs?
(95)

4. (a) Find the length of this line segment in millimeters.
(102) (b) Find the length of the segment in centimeters.

```
mm  10    20    30    40    50
cm   1     2     3     4     5
```

5. Find three fractions equivalent to $\frac{2}{3}$ by multiplying $\frac{2}{3}$ by $\frac{2}{2}$, $\frac{3}{3}$, and $\frac{4}{4}$.
(109)

6. Estimate the product of 266 and 92.
(59)

7. Use words to write 215.6.
(Inv. 4)

8. Change the improper fraction $\frac{4}{3}$ to a mixed number.
(104)

9. Celesta and Sam found that 14 marbles would fill each pouch. There were 12 pouches. How many marbles did Celesta and Sam need to fill all the pouches?
(49)

10. Sean bought 8 golf balls for $4.80. How much would 30 golf balls cost?
(72)

11. $30.00 − $19.35
(41)

12. 6.72 + 17.5 + 6.3
(50)

13. 15.8 − 4.72
(91)

14. $2^3 + \sqrt{36}$
(Inv. 3, 62)

15. 33 × 80
(67)

16. $\frac{476}{7}$
(65)

17. $70\overline{)146}$
(110)

18. 527 ÷ 10
(105)

19. What is the value of *bh* when *b* is 9 and *h* is 4?
(106)

20. What is the probability that a tossed coin will land heads up?
(Inv. 10)

Saxon Math 5/4—Homeschool 279

TEST 23

Also take Facts Practice Test G (64 Multiplication Facts).

Name _____

1. Tickets for the movie cost $8.25 for adults and $4.15 for children. Tony bought tickets for two adults and three children. Altogether, how much did the tickets cost?

2. Estimate the area of this triangle. Each small square represents one square centimeter.

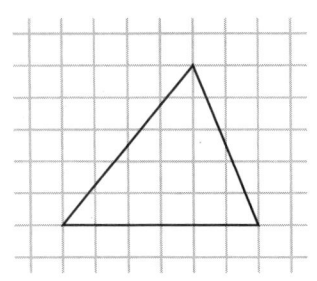

3. A nickel is what percent of a dollar?

4. This rectangle is 6 cm long and 4 cm wide. Half the rectangle is shaded. What is the area of the shaded part of the rectangle?

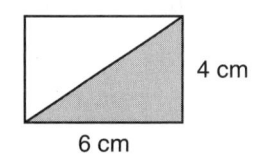

    4 cm
    6 cm

5. Complete the equivalent fraction: $\frac{3}{4} = \frac{?}{16}$

6. What fraction name for 1 has a denominator of 8?

7. Draw a picture to show that $\frac{2}{3}$ and $\frac{4}{6}$ are equivalent fractions.

8. The champion bike rider could ride 46 miles in 2 hours. At the same average speed, how far could she ride in 5 hours?

9. The campers bought 4 sleeping bags for $19.99 each and 4 skewers for $1.29 each. Sales tax was $6.17. They paid for the items with a $100 bill. How much change should they have received?

10. Eighty people stood in line. Eight of them could ride in each van. If there were only seven vans, how many people did not get a ride?

11. 32.61 + 3.51 + 11.6

12. 128.62 − 41.9

13. $\frac{2}{7} + \frac{2}{7}$

14. $\frac{8}{9} - \frac{4}{9}$

15. $2\frac{3}{4} + 1\frac{1}{4}$

16. 1.25×32

17. $36.24 \div 4$

18. $\frac{588}{7}$

19. $30\overline{)480}$

20. Reduce:

    (a) $\frac{4}{12}$

    (b) $\frac{2}{8}$

    (c) $\frac{10}{15}$

Saxon Math 5/4—Homeschool

Recording Forms

The five optional recording forms in this section may be photocopied to provide the quantities needed by you and your student.

Recording Form A: Facts Practice
This form helps your student track his or her performances on Facts Practice Tests throughout the year.

Recording Form B: Lesson Worksheet
This single-sided form is designed to be used with daily lessons. It contains a checklist of the daily lesson routine as well as answer blanks for the Warm-Up and Lesson Practice.

Recording Form C: Mixed Practice Solutions
This double-sided form provides a framework for your student to show his or her work on the Mixed Practices. It has a grid background and partitions for recording the solutions to thirty problems.

Recording Form D: Scorecard
This form is designed to help you and your student track scores on daily assignments and cumulative tests.

Recording Form E: Test Solutions
This double-sided form provides a framework for your student to show his or her work on the tests. It has a grid background and partitions for recording the solutions to twenty problems.

RECORDING FORM

A Facts Practice

Name _____

TEST	# POSSIBLE	TIME AND SCORE (time / # correct)
A 100 Addition Facts	100	
B 100 Subtraction Facts	100	
C Multiplication Facts: 0's, 1's, 2's, 5's	64	C C C D D D
D Multiplication Facts: 2's, 5's, Squares	42	
E Multiplication Facts: 2's, 5's, 9's, Squares	56	E E E E F F F F F
F Multiplication Facts: Memory Group	20	
G 64 Multiplication Facts	64	
H 100 Multiplication Facts	100	
I 90 Division Facts	90	
J 90 Division Facts	90	

Saxon Math 5/4—Homeschool

RECORDING FORM

B Lesson Worksheet
Show all necessary work. Please be neat.

Name _____
Date _____
Lesson _____

Warm-Up
☐ Facts Practice
☐ Mental Math
☐ Problem Solving

Review
☐ Homework Check
☐ Error Correction

Instruction
☐ Lesson
☐ Lesson Practice
☐ Mixed Practice

Facts Practice

Test:	Time:	Score:

Mental Math

a.	b.	c.	d.	e.	f.
g.	h.	i.	j.	k.	l.

Problem Solving

Strategies:
(Check any you use.)
☐ Make a chart, graph, or list.
☐ Guess and check (trial and error).
☐ Use logical reasoning.
☐ Act it out.   ☐ Draw a diagram.
☐ Make it simpler. ☐ Draw a picture.
☐ Work backward.   ☐ Find a pattern.

Lesson Practice

a.	b.	c.
d.	e.	f.
g.	h.	i.
j.	k.	l.

Saxon Math 5/4—Homeschool

© Saxon Publishers, Inc., and Stephen Hake

RECORDING FORM

C | Mixed Practice Solutions
Show all necessary work. Please be neat.

Name _____

Date _____

Lesson _____

	2.	3.
	5.	6.
	8.	9.
10.	11.	12.
13.	14.	15.

Saxon Math 5/4—Homeschool

16.

17.

18.

19.

20.

21.

22.

23.

24.

25.

26.

27.

28.

29.

30.

Saxon Math 5/4—Homeschool

RECORDING FORM

D Scorecard

Name _____

Date	Lesson or Test	Score	Date	Lesson or Test	Score	Date	Lesson or Test	Score	Date	Lesson or Test	Score

Saxon Math 5/4—Homeschool

RECORDING FORM

E — Test Solutions
Show your work on this paper.
Do not write on the test.

Name _____

Date _____

Test _____   Score _____

2.

4.

6.

8.

10.

Saxon Math 5/4—Homeschool

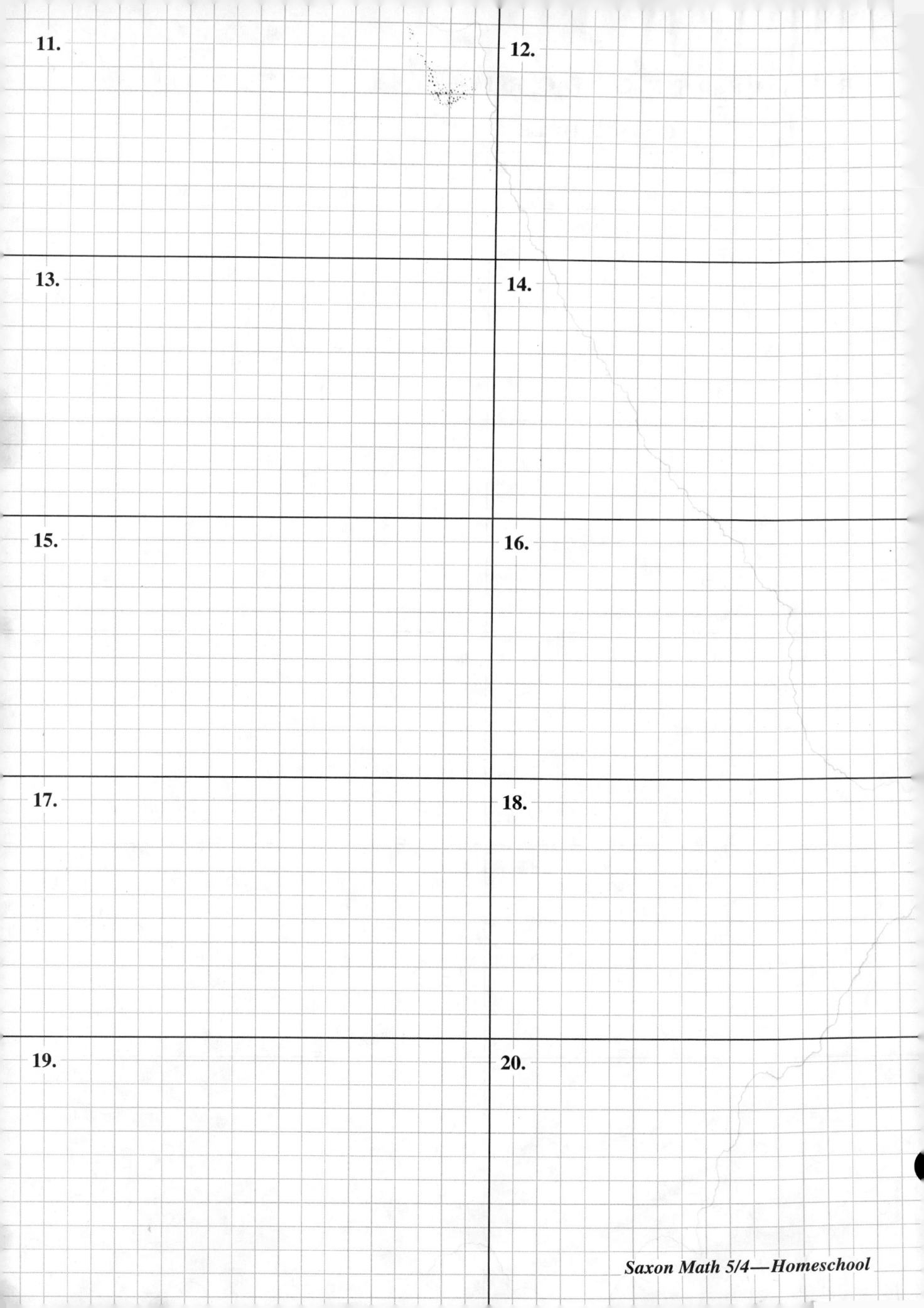

11.

12.

13.

14.

15.

16.

17.

18.

19.

20.

Saxon Math 5/4—Homeschool